ISW 32

Berichte aus dem Institut für Steuerungstechnik
der Werkzeugmaschinen und Fertigungseinrichtungen
der Universität Stuttgart

Herausgegeben von Prof. Dr.-Ing. G. Stute

R. SCHURR

Rechnerunterstützte Projektierung hydrostatischer Anlagen

Springer-Verlag
Berlin · Heidelberg · New York 1981

D 93

Mit 57 Abbildungen

ISBN-13: 978-3-540-10639-5 e-ISBN-13: 978-3-642-81608-6
DOI: 10.1007/978-3-642-81608-6

2362/3020-543210

Geleitwort des Herausgebers

Das Institut für Steuerungstechnik der Werkzeugmaschinen und Fertigungseinrichtungen der Universität Stuttgart befaßt sich mit den neuen Entwicklungen der Werkzeugmaschinen und anderen Fertigungseinrichtungen, die insbesondere durch den erhöhten Anteil der Steuerungstechnik an den Gesamtanlagen gekennzeichnet sind. Dabei stehen die numerisch gesteuerten Werkzeugmaschinen in Programmierung, Steuerung, Konstruktion und Arbeitseinsatz sowie die vermehrte Verwendung des Digitalrechners in Konstruktion und Fertigung im Vordergrund des Interesses.

Im Rahmen dieser Buchreihe sollen in zwangloser Folge drei bis fünf Berichte pro Jahr erscheinen, in welchen über einzelne Forschungsarbeiten berichtet wird. Vorzugsweise kommen hierbei Forschungsergebnisse, Dissertationen, Vorlesungsmanuskripte und Seminarausarbeitungen zur Veröffentlichung.

Diese Berichte sollen dem in der Praxis stehenden Ingenieur zur Weiterbildung dienen und helfen, Aufgaben auf diesem Gebiet der Steuerungstechnik zu lösen. Der Studierende kann mit diesen Berichten sein Wissen vertiefen.

Unter dem Gesichtspunkt einer schnellen und kostengünstigen Drucklegung wird auf besondere Ausstattung verzichtet und die Buchreihe im Fotodruck hergestellt.

Der Herausgeber dankt dem Springer-Verlag für Hinweise zur äußeren Gestaltung und Übernahme des Buchvertriebs.

Gottfried Stute

Inhaltsverzeichnis Seite

Schrifttum:

/1/ Verein Deutscher Maschinenbau-Anstalten e.V. - VDMA
Kennzahlen aus Entwicklung/Konstruktion, 1976-Zwischenbetrieblicher Vergleich (BWZ 72). Frankfurt: Maschinenbau-Verlag 1977

/2/ Stute, G., A. Debus, R. Schurr
Rechnerunterstützte Konstruktion hydrostatischer Antriebe. Karlsruhe: Kernforschungszentrum Karlsruhe GmbH, CAD-Bericht KfK-CAD 20, März 1977

/3/ Tönshoff, H.K., N. Czeranowski, H. Hilmer, G. Filter
Variantenkonstruktion und Berechnung von Werkzeugmaschineneinheiten. Karlsruhe: Kernforschungszentrum Karlsruhe GmbH, CAD-Bericht KfK-CAD 19, Jan. 1977

/4/ Stute, G.
Die neuzeitliche Werkzeugmaschine-Ein Schlüssel für rationelle Fertigung und steigende Lebensqualität. wt-Z. ind. Fertigung 68 (1978), S. 737...741

/5/
Fluid-Lernprogramm Hydraulik, Projektierung, Berechnung. München: Dummer Verlag 1975

/6/
VDI-Richtlinie 2210, Entwurf; Analyse des Konstruktionsprozesses im Hinblick auf den EDV-Einsatz. Berlin/Köln: Beuth-Vertrieb 1975

/7/ Opitz, H. — Produktplanung - Konstruktion - Arbeitsvorbereitung. Essen: Girardet-Verlag,1974

/8/ Opitz, H., H.J. Wessel — Rechnereinsatz in der Konstruktion, Ergebnisse und Ziele des Projekts CAD im Werkzeugmaschinenbau. wt-Z. ind. Fertigung 67 (1977), S. 133...138

/9/ Runge, W. — Simulation des dynamischen Verhaltens hydraulischer Systeme. Essen: Girardet-Verlag, HGF-Kurzberichte (Lose-Blattsammlung) Blatt 78/18

/10/ Stute, G., P. Fischer — Rechnerunterstützte Zeichnungserstellung von Hydraulikplänen. Karlsruhe: Kernforschungszentrum Karlsruhe GmbH, CAD-Bericht KfK-CAD 28, März 1977

/11/ Ropohl, G. (Hrsg.) — Systemtechnik-Grundlagen und Anwendung. München: Hanser-Verlag 1973

/12/ — DIN 40700, Logiksymbole, Teil 14. Berlin, Köln: Beuth-Vertrieb 1976

/13/ Ortmann, G. — Darstellung von Hydraulikschaltungen mit binären Schaltzeichen. KEM 1979, Heft 1, S. 26...32

/14/ — DIN 24300 Ölhydraulik und Pneumatik. Benennungen und Sinnbilder; Vornorm. Berlin, Köln: Beuth-Vertrieb 1975

/15/ Debus, A. Merkmale der rechnergestützten Variantenkonstruktion und ihre Anwendung bei hydrostatischen Antrieben. wt-Z. ind. Fertigung 63 (1973), S. 332...336

/16/ Fomm, H. Schaltplansynthese für die Projektierung hydrostatischer Anlagen. ORSTA Hydraulik Heft 1/67, S.134... 137

/17/ Schulte, D. Kombinatorische und sequentielle Netzwerke. München, Wien: Oldenbourg 1967

/18/ DIN 19237 Steuerungstechnik, Begriffe, Vornorm. Berlin/Köln: Beuth-Vertrieb 1977

/19/ Stute, G., H. Wörn Steuerungstechnik, Strukturen von Steuerungen. wt-Z ind. Fertigung 68 (1978) Nr. 9, S. 591...594

/20/ König, H. Entwurf und Strukturanalyse von Steuerungen für Fertigungseinrichtungen. Berlin, Heidelberg, New York: Springer Verlag 1976

/21/ DIN 24340 Hydroventile, Wegeventile; Lochbilder, Anschlußplatten. Berlin/Köln: Beuth-Vertrieb 1969

/22/ Beitz, W., G. Pahl Baukastenkonstruktionen.Konstruktion 26 (1974), S.153...160

/23/ Ehrlenspiel, K. Leistungssteigerung in der Konstruktion. Konstruktion 27 (1975), S. 365...373

/24/ Schurr, R. — Funktionsgruppen zum rechnerunterstützten Schaltplanentwurf hydrostatischer Anlagen. Essen: Girardet-Verlag, HGF-Kurzberichte (Lose-Blattsammlung) Blatt 77/49

/25/ Heck, K., K.H. Rieger, A. Schimmele — Rechnerunterstützter Entwurf von Funktionssteuerungen. Essen: Girardet-Verlag, HGF-Kurzberichte (Lose-Blattsammlung) Blatt 78/67

/26/ Busacker, R.G., T.L. Saaty — Endliche Graphen und Netzwerke. München, Wien: Hanser-Verlag 1968

/27/ Müller, K.P., H. Wolpert — Anschauliche Topologie. Stuttgart: Teubner 1976

/28/ Debus, A., R. Schurr — Syntax und Semantik der problemorientierten Programmiersprache REKONA. Essen: Girardet-Verlag, HGF-Kurzberichte (Lose-Blattsammlung) Blatt 74/80

/29/ VDI-Richtlinie 2225; Technisch-wirtschaftliches Konstruieren. Berlin, Köln: Beuth-Vertrieb 1964

/30/ Wedekind, H. — Datenorganisation. Berlin, New York: Walter de Gruyter 1975

/31/ Schmid, G., R. Schurr — Anpassung und Integration von REKONA bei einem Werkzeugmaschinenhersteller. 4. Aachener Fluidtechnisches Kolloquium 1980

/32/ Integralhydraulik, Bauart LH und ZL, Firmenschrift Fa. Langen & Co., Düsseldorf

/33/ Tschörtner, K.-A. Entwicklung von Konstruktionsalgorithmen und eines Programmsystems zur rechnerunterstützten Konstruktion von Hydrauliksteuerblöcken. Dissertation RWTH Aachen 1978

/34/ Längsverkettung. Firmenschrift Hydraulik-Ring Verkaufsgesellschaft mbH, Nürtingen

/35/ Alavi, J. (Editor) Theory and Applications of Graphs. Berlin, Heidelberg, New York: Springer Verlag 1978

/36/ Debus, A., A. Storr Struktur und Aufbau fertigungstechnischer Programmiersysteme bei integrierter Datenverarbeitung. wt-Z. ind. Fertigung 66 (1976) Nr. 3, S.143...148

/37/ Abeln, O., F. Bauhuber, H. Eitel, H.G. Klug, H. Walter Verknüpfung von Programmsystemen zur integrierten Informationsverarbeitung im Betrieb. wt-Z. ind. Fertigung 67 (1977) Nr. 3, S.139...143

Abkürzungen:

BMFT	Bundesministerium für Forschung und Technologie
CAD	Computer Aided Design
DV, EDV	Elektronische Datenverarbeitung
FE	Funktionseinheit
FGR	Funktionsgruppe
GF	Grundfunktion
GS	Grundstruktur
REKONA	Rechnerunterstützte Konstruktion hydrostatischer Anlagen
MDT	Anlagen der mittleren Datentechnik
PPS	Problemorientiertes Programmiersystem

Programmnamen:

ANALYS	Analyse der Funktionen, Bestimmung der FGR-Varianten
BERECH	Vorausberechnung der Leistungsdaten
DIALOG	Interaktive Ein-/Ausgabe
FUPLOT	Graphische Darstellung des Funktionsdiagramms
PLAENE	Erstellung von RETEXT-Daten für Pläne und FGR
RECHYP	Rechnerunterstützte Hydraulikplanerstellung
REKDAT	Datenbankverwaltungssystem
REKDYN	Simulation kombinierter nichtlinearer Systeme
REKONI	Interpretation der Eingabeanweisungen
RESYNA	Synthese der Hydraulikstruktur
WAHL	Interaktive Auswahl von Funktionsgruppen

Formelzeichen und Begriffe:

A_G	Knotenmatrix
$a \in M$	a ist Element der Menge M
B	Bauelement
e	Kanten (engl.: edge)
$E = E(G)$	Menge der Kanten e eines Graphen G
d_k	Kolbendurchmesser
d_{st}	Kolbenstangendurchmesser

F	Kraft
G	Graph
h	Hub
I_G	Inzidenzmatrix
L	Leitung
$\|M\|$	Kardinalität einer Menge
$\|M\| \times \|N\|$	kartesisches Produkt der Mengen M und N
M	Moment
n	Drehzahl
P_g	geforderte Leistung
P_m	mittlere Leistung
p	Systemdruck
p_s	Speicherdruck
p_v	Vorspanndruck
Δp	Druckdifferenz
Q	Volumenstrom
r	Anzahl Kanten
t	Zeit
$V = V(G)$	Menge der Knoten v eines Graphen G
V_s	Speichervolumen
V_{sm}	Schluckvolumen
v_B	Bauelementknoten
v_L	Leitungsknoten
v	Knoten (engl.: vertix)
(v,w)	Kante mit den Endknoten v und w
x	Weg
$\dot{x}$	Geschwindigkeit
α, β, γ, δ	Erweiterungsorte
ε	Einbauort
η	Wirkungsgrad
η_l	Wirkungsgrad des Leitungssystems
η_m	Wirkungsgrad der Motoren und Zylinder
η_p	Wirkungsgrad der Pumpe
φ	Drehwinkel

Mehrfach verwendete Indizes:

j, k, l, m, n	Zählvariablen
max	Maximalwert

Sprachworte:

BACK	Rückwärts	INCR	inkremental
BEGIN	Anfang (t=0)	INSDIM	Zylinderabmessungen
B, BRANCH	Kante	LENGTH	Verfahrweg
CCLW,CLW	Drehsinn	LINEAR	geradlinige Bewegung
CHECK	Rückschlagventil	MOMENT	Drehmoment
CHUCK	Spannfunktion	MOTION	Bewegungsablauf
CIRCUL	Drehbewegung	MOTOR	Motor
CONECT	Anschlüsse	N, NODE	Knoten
CONTRL	Betätigung	NOMORE	Ende
CPLATE	Anschlußplatte	NONVAL	Sperrventil
CREATE	Baueinheit	P, POINT	Elementknoten
CYLIND	Zylinder	PRESSR	Systemdruck
DIFF	Differentialzyl.	PREVAL	Druckventil
DIRVAL	Wegeventil	REMARK	Kommentar
DRIVE	Vorschubfunktion	RESYNA	Projektierungsablauf
EFFDEG	Wirkungsgrad	SELECT	Richtungswahl
END	Ende ($t = t_{max}$)	SEQUEN	sequentiell
FEED	Vorschubgeschw.	SPECIF	Erweiterungsstellen
FINI	Eingabeende	SPINDL	Drehzahl
FIX	Konstant	STAFCT	Grundstruktur
FLOVAL	Stromventil	SYMB	Symbolische Darst.
FORCE	Kraft	TIME	Zeit
FWD	Vorwärts	VAR	variabel
IDENT	Typenbezeichnung	VOLFLO	Schluckvolumen

1. Einleitung

Die Anwendung von Methoden der Systemtechnik und der Einsatz der Datenverarbeitung haben zur Entwicklung von rechnerunterstützten Lösungen für Teilaufgaben der Informationsverarbeitung in den technischen und organisatorischen Bereichen geführt. Die Möglichkeiten zur Rationalisierung und Leistungssteigerung /1/ in den der Fertigung vorgelagerten Planungsbereichen, können jedoch erst dann voll wirksam werden, wenn es gelingt, mit Hilfe der Datenverarbeitung eine integrierte Informationsverarbeitung im gesamten Produktionsprozeß durchzuführen.

Daß ein CAD-System den Ausgangspunkt für eine derartige Informationsverkettung bilden kann, soll am Beispiel der Projektierung hydrostatischer Anlagen gezeigt werden.

Hydrostatische Anlagen finden aufgrund ihrer günstigen Betriebsdaten in der Investitionsgüterindustrie weite Verbreitung. Entwurf und Ausführung derartiger Anlagen sind einem starken Preisdruck ausgesetzt, da sie in Form von Antrieben bzw. für Hilfs- und Nebenfunktionen, möglichst wenig zum Gesamtpreis einer Fertigungseinrichtung beitragen sollen. Zu diesem Preisdruck kommt hinzu, daß die Projektierung hydrostatischer Anlagen durch zeitaufwendige indirekte Entwurfstätigkeiten (Suchen, Ändern) und manuelle Routinetätigkeiten (Zeichnen, Stücklisten erstellen) belastet ist, und sich damit terminliche Engpässe in den planenden Bereichen ergeben.

Ziel dieser Arbeit ist es demzufolge, Methoden zu entwickeln, die mit Hilfe der Datenverarbeitung eine Zeit- und Kostenreduzierung bei der Projektierung hydrostatischer Anlagen ermöglichen. Hierbei soll zum einen die Unterstützung des Konstrukteurs bei den direkten Tätigkeiten (Schaltungsentwurf), zum anderen die Übernahme der repetitiven algorithmierbaren Tätigkeiten durch den Rechner erreicht werden.

Des weiteren sollen Datenschnittstellen zu den an den Projektierungsbereich angrenzenden Betriebsbereichen definiert und so ein Ansatz für eine integrierte rechnerunterstützte Auftragsabwicklung hydrostatischer Anlagen geschaffen werden.

Die erarbeiteten Lösungskonzepte sollen im Rahmen des Programmiersystems REKONA /2/ realisiert und mit Beispielen aus dem Anwendungsbereich Werkzeugmaschinenbau belegt werden.

2 Hydrostatische Anlagen - Stand der Technik

Hydrostatische Anlagen bieten für viele Steuerungs-, Regelungs- und Antriebsaufgaben leistungsfähige, betriebssichere und preisgünstige Lösungen. Bild 2.1 zeigt ein Beispiel einer hydrostatischen Anlage als offenes Kreislaufsystem mit mehreren Verbraucherkreisläufen.

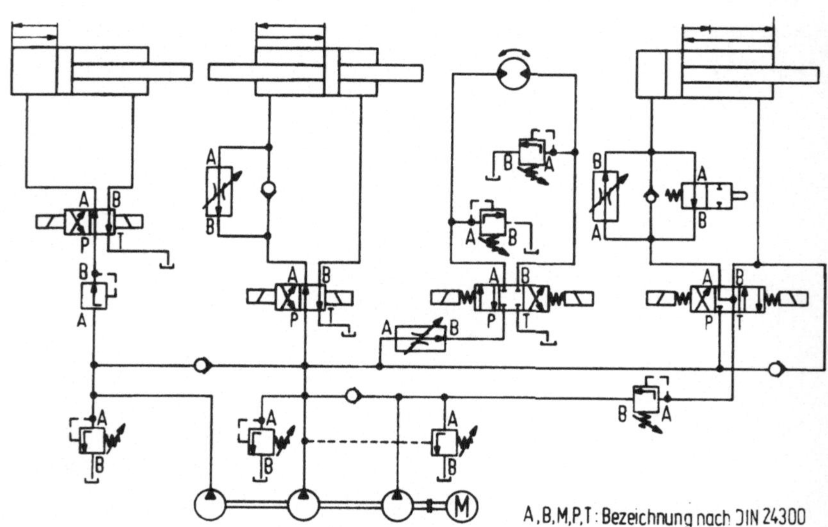

Bild 2.1: Beispiel einer hydrostatischen Anlage

Der Werkzeugmaschinenbau gehört zu den wichtigsten Anwendern hydrostatischer Anlagen. So ergab eine Untersuchung /3/, daß bei Vorschubschlitteneinheiten im Werkzeugmaschinenbau heute zu ca. 60 % das hydrostatische Vorschubprinzip angewandt wird.

Durch die Vielfalt der zu realisierenden Funktionen und den sich daraus ergebenden beispielhaften Problemlösungen kann dieser Bereich als repräsentativ für die Anwendung hydrostatischer Anlagen gelten.

2.1 Anwendung hydrostatischer Anlagen im Werkzeugmaschinenbau

Die Forderung nach Automatisierung der Fertigungseinrichtungen hat im Werkzeugmaschinenbau nachhaltige Änderungen bewirkt /4/. Der zunehmende Grad der Automatisierung ergibt zwangsläufig eine wachsende Zahl von zu steuernden Funktionen. Vor allem bei den spanenden Werkzeugmaschinen hat dies in den vergangenen Jahren zu komplexen Maschinen mit vielen Zusatzeinrichtungen geführt. Im einzelnen gehören dazu Maschinenelemente wie:

- Spanneinrichtungen
- Einrichtungen zur Verkettung von Maschinen
- Zuführ- und Entnahmevorrichtungen
- Nachformeinrichtungen
- Werkstück- und Werkzeugwechselsysteme.

Da bei allen diesen Einrichtungen eine Vielzahl von aufeinander aufbauenden Bewegungen bei meist nur geringem Raumangebot zu realisieren sind,kommen häufig hydrostatische Anlagen zum Einsatz. Dies gilt auch für Maschinen, für deren Haupt- bzw. Vorschubantriebe die Hydraulik nicht mehr in Betracht gezogen wird. So werden auch bei NC-Maschinen und den darauf aufbauenden Fertigungssystemen die Hilfs- und Nebenfunktionen oftmals hydraulisch gesteuert und angetrieben.

2.2 Projektierung hydrostatischer Anlagen

Ein wesentliches Merkmal hydrostatischer Anlagen ist deren Aufbau aus Einzelgeräten unterschiedlicher Funktion. Dadurch sind problemgerechte Lösungen möglich, für jeden Anwendungsfall entsteht eine spezifische Schaltung.

Es gibt kein allgemein gültiges, einfaches Verfahren für die Projektierung von hydrostatischen Anlagen. Man hat zwar in der Praxis Projektierungsrichtlinien /z.B. 5/ entwickelt, das Ergebnis ihrer Anwendung ist jedoch abhängig von der Vorbildung bzw. Erfahrung des ausführenden Konstrukteurs.

Aus der Betrachtung des Anwendungsbereiches und der Erfassung der sich stellenden Einsatzbedingungen ergibt sich die Ausgangssituation bei der Projektierung hydrostatischer Anlagen (Bild 2.2).

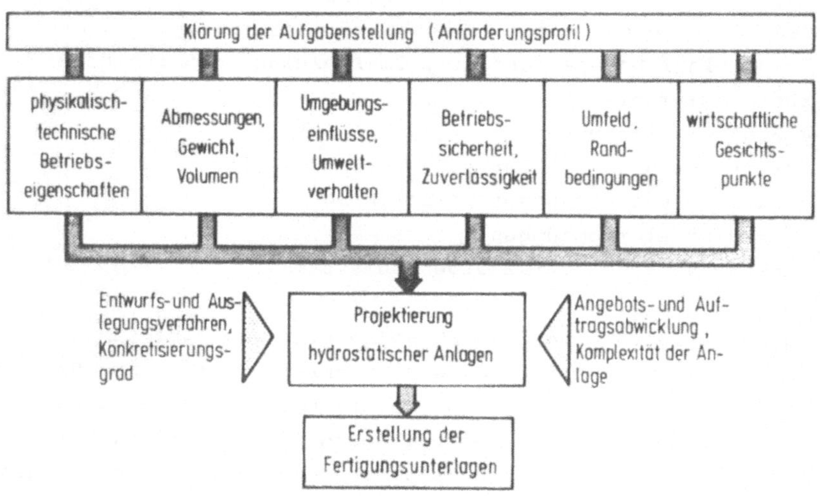

Bild 2.2: Anforderungen und Einflußgrößen bei der Projektierung hydrostatischer Anlagen.

2.2.1 Projektierungstätigkeiten

An Hand der Betrachtung der Ergebnisse von teils firmenspezifischer, teils überbetrieblicher statistischer Untersuchungen (Multimomentaufnahme, Erfassungsformulare z.B. nach /6/)zur Situation im Konstruktionsbereich läßt sich feststellen, daß die Tätigkeiten Informieren, Entwerfen, Ändern, Berechnen und Zeichnen zusammen einen Zeitaufwand von über 80 % beanspruchen. Eine Übertragung dieses Ergebnisses auf die Projektierung hydrostatischer Anlagen ist möglich, da hier annähernd gleiche Produktentstehungsphasen und Mitarbeiterstrukturen vorhanden sind /1/. Rationalisierungsmaßnahmen sind deshalb an den oben genannten Problemschwerpunkten anzusetzen. Im folgenden soll kurz eine ablaufbezogene Analyse der Tätigkeitsinhalte zu diesen Punkten durchgeführt werden.

Die Aufgabenstellung an eine hydrostatische Anlage wird in Textform (Pflichtenheft) oder graphisch (Weg-Zeit/Weg-Schrittdiagramm, Funktionsdiagramm nach VDI 3260) niedergelegt (Bild 2.3) und ist Ausgangspunkt für die folgenden Projektierungsschritte. Hierbei wird zuerst die Gesamtaufgabe in Teilaufgaben gegliedert. Für jede Teilaufgabe wird eine Arbeitseinheit und an Hand der Bewegungsdaten (z.B. Kräfte, Geschwindigkeiten) deren Betriebsparameter (z.B. Druck und Volumenstrom im Arbeitspunkt) bestimmt. Die Arbeitseinheit ist Ausgangspunkt zur Entwicklung eines Teilschaltplanes. Sind für alle Teilaufgaben Lösungen gefunden, so werden diese aneinander angepaßt und zusammen mit einer Energieversorgung zur Gesamtanlage verbunden.

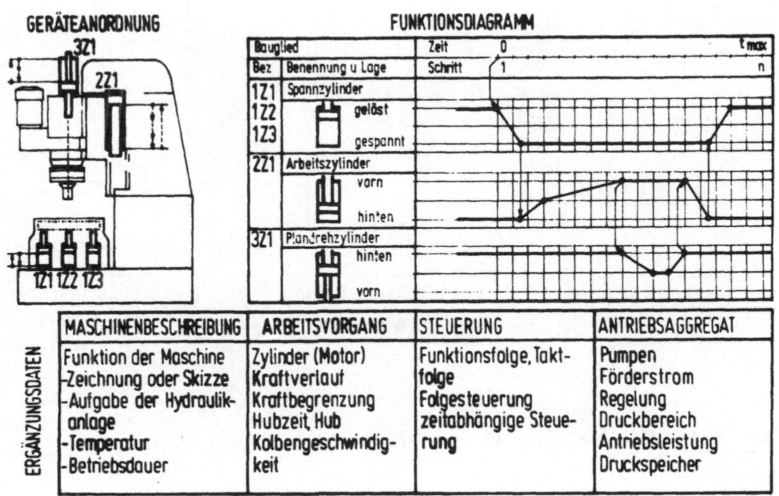

MASCHINENBESCHREIBUNG	ARBEITSVORGANG	STEUERUNG	ANTRIEBSAGGREGAT
Funktion der Maschine -Zeichnung oder Skizze -Aufgabe der Hydraulikanlage -Temperatur -Betriebsdauer	Zylinder (Motor) Kraftverlauf Kraftbegrenzung Hubzeit, Hub Kolbengeschwindigkeit	Funktionsfolge, Taktfolge Folgesteuerung zeitabhängige Steuerung	Pumpen Förderstrom Regelung Druckbereich Antriebsleistung Druckspeicher

Bild 2.3: Angaben zum Pflichtenheft

Das Kennzeichen dieses Projektierungsstadiums ist eine iterative Arbeitsweise,die in hohem Maße mit Routinetätigkeiten belastet ist. Dadurch ist z.B. eine geschlossene Berechnung aller Betriebszustände der Anlage in den meisten Fällen zu aufwendig, da jede Variation des Entwurfs ein neuerliches Durchrechnen notwendig machen kann. Deshalb bestimmt der Konstrukteur ausgehend von den Einzelberechnungen mit Hilfe von Erfahrungswerten die Dimensionierung der Anlage. Weiterhin erfordert die Auswahl bzw. der Entwurf der Grundschaltungen und deren Kombination zur Gesamtanlage neben der Erfahrung vor allem logische und funktionelle Denkweise. Diese Tätigkeiten fallen unabhängig vom Konkretisierungsgrad der Problemstellung (Angebot oder Auftrag) an und müssen unter Umständen wiederholt werden (Erfüllen von Preis- bzw. Qualitätsforderungen) (Bild 2.4).

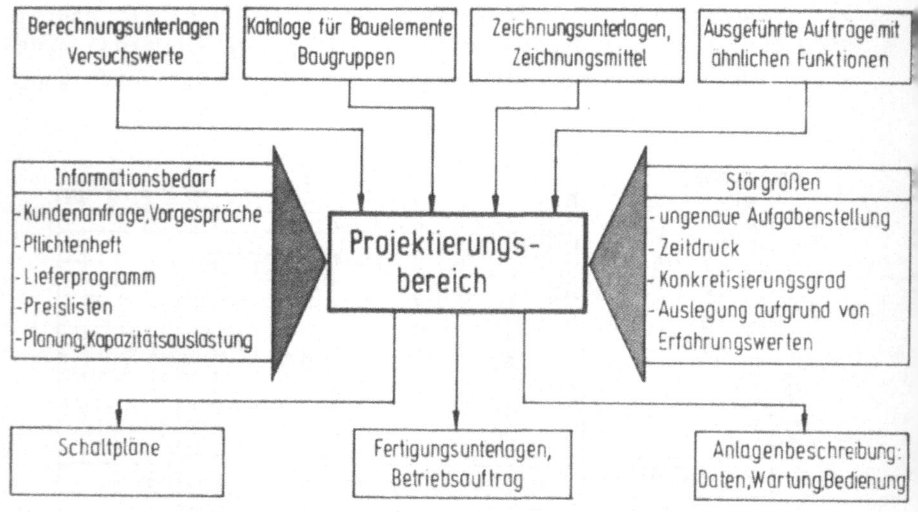

Bild 2.4: Abwicklung einer Projektierungsaufgabe

Auch bei der Anwendung konventioneller Rationalisierungshilfsmittel (z.B. Klebebilder für Einzelgeräte und Baugruppen, Kataloge für Wiederholaufträge) ist der Konstrukteur mit indirekten Konstruktionstätigkeiten belastet und hat umfangreiche Datenmengen zu koordinieren. Diese Rationalisierungsansätze sind immer betriebsspezifisch, sie bergen zudem die Gefahr in sich, daß der Konstrukteur in seiner Kreativität eingeschränkt wird, da sie meist die Zusammenfassung mehrerer Konstruktionsschritte beinhalten. Möchte man die im Projektierungsbereich vorhandenen Rationalisierungsreserven erschließen, so ist eine ganzheitliche Betrachtung der Unternehmensbereiche wichtig /7/.

2.2.2 Angebots- und Auftragsabwicklung im Projektierungsbereich

Allgemein nimmt die technische Angebots und- Auftragsabwicklung in den Unternehmen eine zentrale Stellung ein (Bild 2.5).

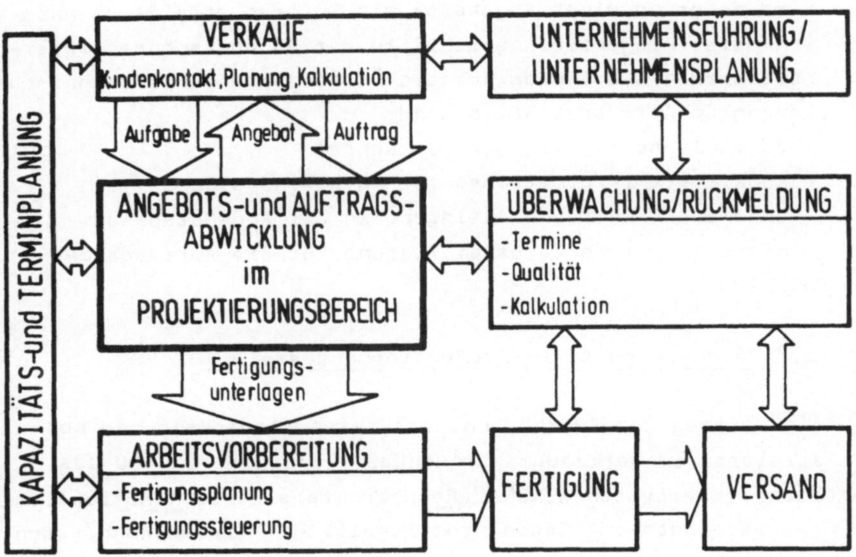

Bild 2.5: Eingliederung der Angebots- und Auftragsabwicklung im Unternehmen.

Bei hydrostatischen Anlagen ist sie dadurch gekennzeichnet, daß aufgrund von Kundenanfragen zu einem spezifischen Problem technische Lösungen erarbeitet werden müssen. Damit werden einerseits durch die Projektierung die Kosten eines Produkts und andererseits durch den hohen Zeitaufwand für die technische Lösungsermittlung die Durchlaufzeit des Auftrags maßgeblich festgelegt.Grundlegende Entwicklungsarbeiten entfallen im allgemeinen,da Kundenanfragen sich vornehmlich auf das vorhandene Produktspektrum beziehen.(In Bild 2.5 sind aus diesem Grund die Bereiche Entwicklung, Konstruktion und Versuch nicht aufgeführt).

Die in den Angebotsunterlagen dokumentierte technische Lösung umfaßt die Erarbeitung der Leistungsdaten und des prinzipiellen Entwurfs. Eine weitergehende Detaillierung findet nur insoweit statt, wie sie zur Ermittlung des Angebotspreises und des Liefertermins notwendig ist.
Wird aufgrund eines Angebotes ein Auftrag erteilt,so müssen meist Projektierungsschritte der Angebotsphase wiederholt werden.Die Gründe für die Überarbeitung der technischen Lösung im Auftragsstadium sind:
- zusätzliche Forderungen des Kunden
- konkretere Informationen zur Aufgabenstellung
- ungenaue technische Auslegung in der Angebotsphase
- nicht ausreichende Detaillierung für die Auftragsabwicklung

2.3 Rechnereinsatz im Projektierungsbereich

Als Beitrag zum "Rechnerunterstützten Entwickeln und Konstruieren im Werkzeugmaschinenbau" /8/ wurde am ISW das Programmiersystem REKONA (Rechnerunterstützte Konstruktion hydrostatischer Anlagen) entwickelt. Mit diesem kann, wenn

---

ISW: Institut für Steuerungstechnik der Werkzeugmaschinen und Fertigungseinrichtungen der Universität Stuttgart.

die Struktur einer hydrostatischen Anlage bekannt ist, die Auslegung und Dimensionierung der Anlage durchgeführt werden. Ausgangspunkt ist das Pflichtenheft und ein (skizzenhafter) Schaltplanentwurf der Anlage. Mit Hilfe einer problemorientierten Eingabesprache wird die Struktur und die gewünschte Funktion der Anlage beschrieben.

Nach der Aufbereitung dieser Eingabe zu einer allgemeinen Netzdarstellung ist die Bestimmung des stationären und dynamischen Betriebsverhaltens und die Ausgabe eines automatisch gezeichneten Schaltplanes möglich (Bild 2.6 links).

Das Programmiersystem ist in der vorliegenden Konzeption gut zur Auslegung hydrostatischer Anlagen geeignet. (Günstige Anwendungsfälle: Nachrechnung bzw. Erweiterung vorhandener Anlagen). Teile der Entwurfstätigkeiten (z.B. Schaltplanzeichnungen) können prinzipiell ebenfalls bearbeitet werden, erfordern jedoch - im Verhältnis zum Ergebnis gesehen - einen hohen Eingabeaufwand.

Gemäß der Zielsetzung dieser Arbeit ergeben sich, an Hand der in Kapitel 2.2 gezeigten Situation des Projektierungsbereiches folgende, weitergehende Forderungen an das Programmiersystem REKONA:

- Die zu entwickelnden Programmteile müssen den anwendenden Unternehmen die Möglichkeit bieten, firmenspezifische Belange einzubeziehen.
- Die Tätigkeit, die im Rahmen der Angebots- und Auftragsbearbeitung die Produktqualität bestimmt, das Entwerfen und Auslegen der hydraulischen Schaltung, muß von Routinetätigkeiten und manuellen Arbeiten befreit werden.
- Die für den Informationsbedarf des projektierenden Konstrukteurs notwendigen indirekten Konstruktionstätigkeiten müssen einer systematischen Arbeitsweise zugänglich gemacht werden.

- Der Konstrukteur muß mehr Freiraum für schöpferische Tätigkeiten bekommen, er muß z.B. alternative Lösungen detailliert erstellen können, um im Hinblick auf die Aufgabenstellung optimale Ergebnisse zu erzielen. Neben einer zeitlichen Entlastung bedeutet dies, daß er verschiedene Eingriffsmöglichkeiten in einen automatisierten Entwurfsprozeß erhält.
- Eine wiederholte Aufbereitung bereits vorhandener Daten zwischen den ersten Entwürfen zur Anlage und der endgültigen Ausführung soll verhindert werden. Liegen z.B. größere Zeiträume zwischen den einzelnen Konkretisierungsstufen eines Projekts, so ist der Zeitaufwand für die Wiedereinarbeitung des Konstrukteurs in das Problem dann gering.
- Die angefallenen Daten zum Anfertigen von Stücklisten o.ä. müssen z.B. in entsprechend aufbereiteter Form den disponierenden Bereichen des Unternehmens weitergegeben werden.

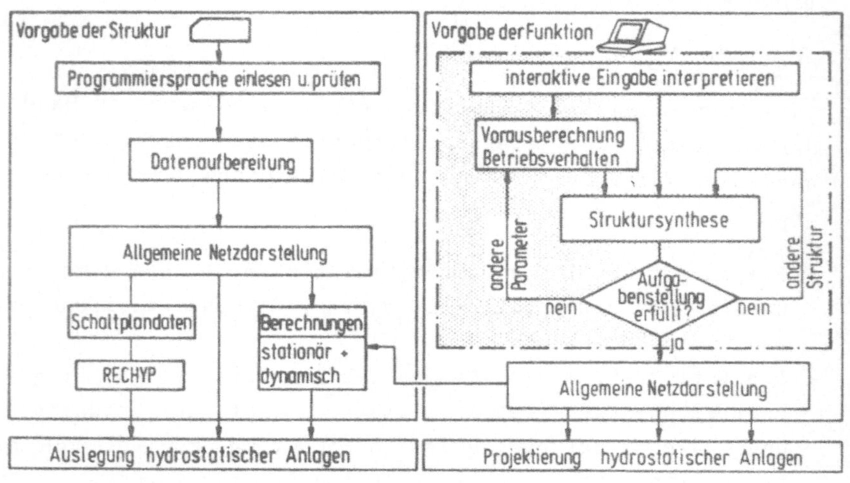

Bild 2.6: Erweiterung der REKONA-Konzeption

Zur Realisierung dieser Forderungen bietet sich ein interaktiver Ablauf des rechnerunterstützten Entwurfs an, wobei die gewünschten Funktionen der zu projektierenden Anlage den Ausgangspunkt bilden sollen (Bild 2.6 rechts).

Um eine wirtschaftliche Programmentwicklung zu gewährleisten, soll das für den Entwurf hydrostatischer Anlagen zu entwickelnde Syntheseverfahren, zur selben allgemeinen Netzdarstellung wie bei der Vorgabe der Struktur führen. Damit lassen sich bereits vorhandene Programmteile weiterhin benützen. Im wesentlichen handelt es sich hierbei um die Datenbank (REKDAT/2/), um die Berechnungsteile (z.B. REKDYN/9/) und die Schaltplanerstellung (RECHYP/10/). Für letzteres findet die symbolische Darstellung nach /14/ Verwendung. In dieser Darstellung sind Schaltzeichen und Teilschaltpläne als Zeichnungsunterprogramme (Makros) in einer Datei (Zeichenmakrodatei) abgelegt, auf die RECHYP zugreift. Hierzu werden die sogenannten Schaltplandaten (im wesentlichen die Strukturdaten) benötigt, die das Syntheseverfahren bereitzustellen hat.

3 Untersuchungen zum systematischen Aufbau hydrostatischer Anlagen

Ziel der nachfolgenden Untersuchungen ist es, den der konventionellen Vorgehensweise zugrundeliegenden Entstehungsprozeß zum Aufbau einer hydrostatischen Anlage durch Regeln und Algorithmen erfaßbar zu machen. An Hand dieser soll anschließend eine Synthesemethode für hydrostatische Anlagen entwickelt werden, die wiederum die Grundlage für das rechnerunterstützte System zur Rationalisierung der Projektierung bildet.

Die Systemtechnik, als Konzept einer umfassenden Betrachtungsweise, bietet Methoden und Verfahren, die zur Konzipierunq, Analyse, Auswahl und Realisierung von komplexen Systemen notwendig sind. Definitionsgemäß /11/ ist ein System die Gesamtheit geordneter, mit Eigenschaften behafteter Elemente, die untereinander durch Relationen verknüpft sind. Diese Systemdefinition erlaubt die Durchführung von folgenden, für hydrostatische Anlagen relevanten Systemanalysen:

- abgrenzend; ein System läßt sich durch Eigenschaften charakterisieren und von der Umgebung abgrenzen. Es bestehen Schnittstellen zur Umgebung.
- strukturell; die formale Abbildung der Verknüpfungen der Elemente (Subsysteme, Teile) wird als Struktur des Systems bezeichnet.
- funktionell; ein System wird durch die Beziehungen zwischen seinen beobachtbaren charakteristischen Größen bestimmt.

Diese Analysen sollen sicherstellen, daß die rechnerunterstützte Projektierung keine ungewünschte Standardisierung des Projektierungsobjektes mit sich bringt. Außerdem sollen die Randbedingungen und Eingabeparameter für die rechnerunterstützte Realisierung der Synthese ermittelt werden.

Bevor jedoch das System "Hydrostatische Anlage" nach obengenannten Gesichtspunkten analysiert wird, soll hier kurz die naheliegende Möglichkeit diskutiert werden, die Digitaltechnik für ein automatisierbares Entwurfsverfahren derartiger Anlagen einzusetzen.

3.1 Entwurf hydrostatischer Anlagen mit Hilfe der Digitaltechnik

Die Bemühungen, die Methoden der Digitaltechnik auch auf die hydraulische Schaltungstechnik anzuwenden, lassen folgende Zielrichtungen erkennen:

- einheitliche Darstellung der elektrischen, pneumatischen und hydraulischen Schaltungstechnik mit Symbolen der Digitaltechnik,
- Beschreibung von Hydraulikkreisläufen analog den elektrischen Kontaktnetzwerken,
- Entwicklung eines Verfahrens zur Schaltplansynthese.

3.1.1 Beispiele für die Anwendung der Digitaltechnik

Durch Verwendung der Logiksymbole nach DIN 40700 /12/ auch für hydraulische Bauelemente, wird versucht, eine einheitliche Darstellung der unterschiedlichen Techniken (z.B. elektronische, elektrische und hydraulische Steuer- und Arbeitskomponenten) zu erreichen /13/. Es zeigt sich aber, daß z.B. bei Wegeventilen mit mehr als 2 Stellungen zur Vermeidung von Mehrdeutigkeiten wesentlich kompliziertere Symbole als nach DIN 24300 /14/ notwendig sind (Bild 3.1). Darüberhinaus sind einige Bauelemente (z.B. Stromventil, Rückschlagventil) in ihrem logischen Gehalt nicht beschreibbar. Diese Bauelemente müssen in der herkömmlichen oder in elektrotechnisch analoger Symbolik (Widerstand, Diode) dargestellt werden.

Ein anderes Verfahren bedient sich der Zeichnungssymbole elektrischer Kontaktnetzwerke. Diesem entsprechend werden Ersatzschaltbilder hydraulischer Schaltkreise aufgebaut. Die möglichen Durchflußkombinationen werden dann durch Boolesche Gleichungen beschrieben. Auch hier ergeben sich Einschränkungen hinsichtlich Darstellung und Eindeutigkeiten, die eine allgemeine Anwendung als Syntheseverfahren verhindern /15/.

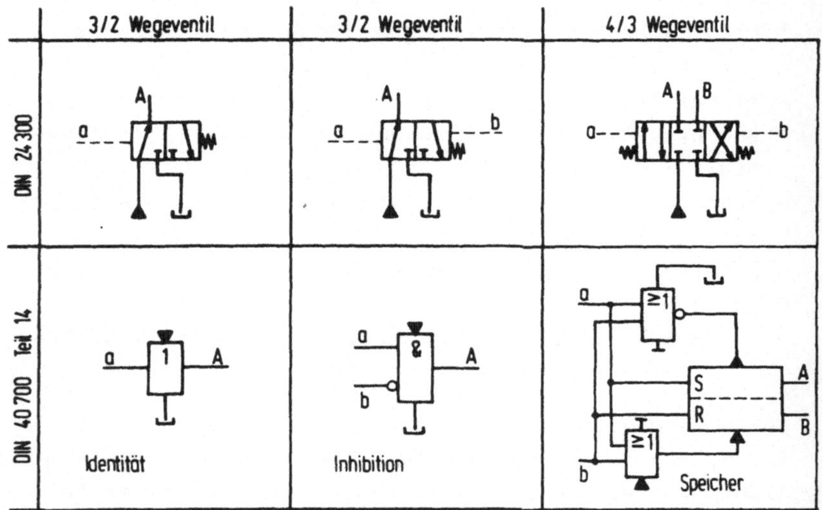

Bild 3.1: Vergleich der Darstellung hydraulischer Bauelemente /13/.

Zur Realisierung eines Syntheseverfahrens für hydraulische Schaltungen dient in /16/ der methodische Ansatz, alle Arbeitseinheiten ausschließlich mit 2/2-Wegeventilen anzusteuern. Ausgehend von Schaltbelegungstabellen und diesen durch Logikfunktionen einfach beschreibbaren Einkanalventilen, läßt sich für jede Arbeitseinheit die Signalzuordnung bestimmen und mit den Methoden der Digitaltechnik hinsichtlich minimalem Geräteaufwand optimieren. Zwar sind alle üblichen Mehrkanalventile auf 2/2-Wegeventile zurückzuführen, jedoch ist diese Umwandlung nicht algorithmierbar, da geräte- und anwendungsspezifisch. Ein weiterer Nachteil dieses Syntheseverfahrens ist, daß infolge der Minimierung ein Ventil mehrere Arbeitseinheiten ansteuert und demzufolge unerwünschte gegenseitige Beeinflußungen des Betriebsverhaltens dieser Einheiten auftreten können.

3.1.2 Bewertung

Die Beschreibung hydraulischer Schaltkreise mit Hilfe Boolescher Funktionen hat ein Entwurfsverfahren zum Ziel, bei dem Methoden der Schaltwerk- und Automatentheorie /17/ angewendet werden können. Eine Mathematisierung des Entwurfsobjektes ist damit möglich.

Eine kritische Betrachtung der Versuche, hydraulische Schaltungen nach ihrem logischen Inhalt zu gliedern, zeigt, daß diese Vorgehensweise nicht zu einer allgemeinen, algorithmierbaren Methode zur Synthese hydrostatischer Anlagen führt.

Die aufgezeigten Möglichkeiten sind nur für .../2-Wegeventile mit realistischem Aufwand durchzuführen. Im Gegensatz zur Pneumatik sind in der Hydraulik, wegen der notwendigen Rückführung des Energieträgers und dem damit verbundenen Verrohrungsaufwand, Mehrfunktionsventile üblich. Eine weitere sich daraus ergebende Konsequenz ist, daß in den Rücklaufleitungen schaltende Elemente eingefügt werden. Damit ergeben sich komplexe logische Zusammenhänge, welche die Anwendung der Digitaltechnik erschweren. Zudem fehlen zur Realisierung von Entwurfsalgorithmen geeignete Spezifikationen zur Erfassung der notwendigen technologischen Aspekte (z.B. die in 3.2.2.2 behandelten Baugruppen), die den heute erreichten Variationsumfang und Qualitätsstandard der hydraulischen Schaltungstechnik dokumentieren.

3.2 Analytische Gliederung hydrostatischer Anlagen

3.2.1 Systemansatz für hydrostatische Anlagen

Für die zu betrachtenden Anwendungen (Antriebs-, Steuer- und Regelaufgaben) ist in Bild 3.2 der hierfür gültige Systemansatz dargestellt. Bei diesen Anwendungen kann die Abgrenzung des Systems gegenüber Energiebereitstellung, Antriebsübertragung, bzw. Wirkstelle und die Einbeziehung eines inneren Regelkreises für hydraulische Größen in das System bei allen Strukturen durchgeführt werden.

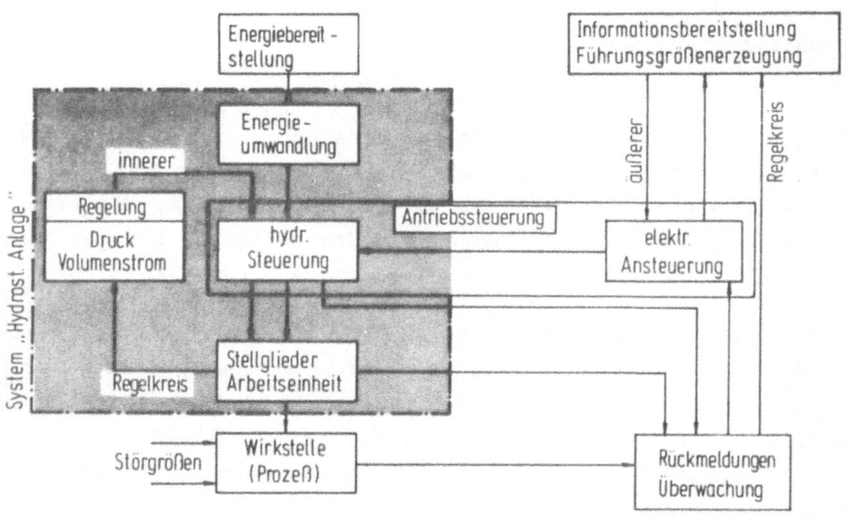

Bild 3.2: Systemansatz für hydrostatische Anlagen

Nach DIN 19237 /18/ können Steuerungen hierarchisch in verschiedene Steuerebenen gegliedert werden. Hierbei sind der maschinennahen untersten Ebene die Einzel- oder Antriebssteuerungen zur Steuerung der Stellglieder zugeordnet. Aufgabenmäßig gehören die Antriebssteuerungen zur Funktionssteuerung /19/, in der die von übergeordneten Steuerebenen ausgehenden Signale zusammen mit den, von der zu steuernden Anlage ausgehenden Rückmeldungen verknüpft werden. Führt man nach /19/ eine vertikale Gliederung der Funktionssteuerung durch, die sich an den Maschinenfunktionen bzw. konstruktiven Trennungslinien einer Maschine orientiert, so kommt man zu sogenannten Funktionseinheiten /20/. Diese beinhalten zur Realisierung der jeweiligen Maschinenfunktion einen Teil der Gesamtstruktur der hydrostatischen Anlage.

3.2.2 Struktureller Aufbau hydrostatischer Anlagen

3.2.2.1 Anwendung des Baukastenprinzips

Hydrostatische Anlagen gehören zu den technischen Systemen, die aufgrund des Baukastenprinzips entstehen, d.h., nach einem Konstruktionsprinzip, bei dem ein System aus einer möglichst kleinen Anzahl von Typen standardisierter Grundelemente (Geräte) aufgebaut wird (Bild 3.3).

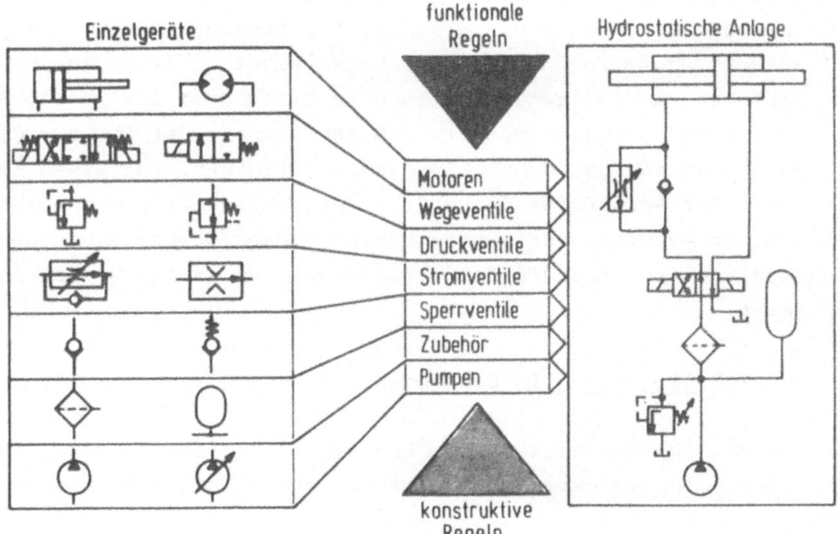

Bild 3.3: Anwendung des Baukastenprinzips

Die Anordnung der einzelnen Geräte zur Gesamtanlage bedarf weniger konstruktiver, als vielmehr kombinatorischer Tätigkeiten. Die hierfür bestehenden Anordnungsregeln (funktionale und konstruktive Regeln) kennzeichnen die im Rahmen des Baukastenansatzes gegebenen Kombinationsmöglichkeiten. Hierbei können verschiedene Gesamtfunktionen, mittels Kombination von Teilfunktionen oder gleiche Gesamtfunktionen, unter Anwendung von unterschiedlichen Lösungen für die Teilfunktionen, verwirklicht werden.

Definitionsgemäß besteht ein Baukastensystem aus verschiedenen Elementen, die mit einer oder mehreren "Paßstellen" versehen sind und die sich zusammenfügen lassen. Bei ölhydraulischen Geräten stellen Anschlußplatten mit genormtem Anschlußbild /21/ das Verbindungsglied dar.

Die Anwendung des Baukastenprinzips bewirkt eine grundsätzliche Festlegung der Ausführungsarten und der technischen Eigenschaften /22,23/ hydrostatischer Anlagen, ohne die vom Anwender gewünschte Variationsbreite einzuschränken. Das zum Aufbau zur Verfügung stehende Gerätespektrum liegt anwendungsabhängig fest. Beide Gesichtspunkte bilden für die Entwicklung einer Entwurfsmethodik und den Einsatz der EDV für Projektierungsaufgaben wichtige Voraussetzungen. Zum einen ist damit der Ablauf des Entwurfs algorithmierbar, zum anderen ist der Aufwand, der zur rechnergerechten Beschreibung der Bauelemente notwendig ist, vertretbar, da er nur einmal anfällt.

3.2.2.2 Gliederung in Baugruppen

Für die Zusammenfassung von Einzelgeräten (Bauelemente) zu Baugruppen hydrostatischer Anlagen gelten die Gesichtspunkte:

- Erweiterung des Baukastenprinzips; eine Baugruppe kann wie ein Bauelement betrachtet und gehandhabt werden.

- Vereinfachung der Projektierung; standardmäßig auftretende Hydraulikstrukturen (Bauelemente und Verbindungen) sind katalogmäßig erfaßbar.
- Montage der Anlage; Bestimmte bauliche Einheiten einer Anlage werden komplett montiert.

Welcher Gesichtspunkt zum Tragen kommt, wird durch die Forderungen und die Gegebenheiten der Praxis bestimmt. Als Beispiele seien hier die, von den meisten Herstellern zur Verringerung des Installationsraumes und des Verrohrungsaufwandes angebotenen, speziellen Verbindungssysteme genannt (s.a. Bild 3.5). Diese unter dem Oberbegriff "Verkettungssystem" eingeführte Kompaktbauweise ist entweder funktions- oder fertigungsorientiert aufgebaut und hat dementsprechend unterschiedliche Variationsbreite. Bei den funktionsorientierten Verkettungssystemen führt der Gedanke des Baukastenprinzips zur Realisierung von Baugruppen, wohingegen bei den fertigungsorientierten Verkettungssystemen die Bildung von Montagebaugruppen im Vordergrund steht. Unabhängig davon, welche Technik zum Aufbau einer hydrostatischen Anlage angewandt wird, lassen sich typische Aufgaben von einzelnen Baugruppen finden. Charakteristisch für Baugruppen zur Energieverteilung (Bild 3.4) sind:

- Richtungssteuerung
- Drucksteuerung, Druckregelung
- Geschwindigkeitssteuerung.

Daneben haben die meist im sogenannten Hydraulikaggregat zusammengefaßten Baugruppen zur Energiebereitstellung Aufgaben wie:

- Druck- und Volumenstromerzeugung
- Speicherversorgung
- Filterung
- Temperaturregelung

Weiterhin sind die Baugruppen für Vorschubeinheiten oder rotatorische Arbeitseinheiten zu nennen.

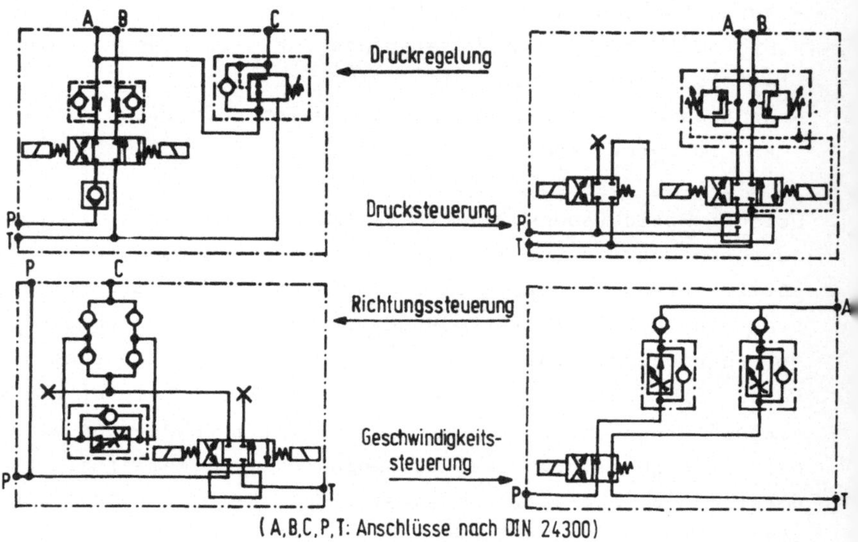

Bild 3.4: Beispiele für Baugruppen /32/

Grundsätzlich kann ein bestimmtes Bauelement in mehreren Baugruppen vorkommen. In einer Anlage können mehrere gleiche Baugruppen zur Anwendung kommen. Die Kenntnis von Baugruppen und -elementen führt nicht zu einer allgemein gültigen Aussage über den systematischen Aufbau der Anlage. Für die Entwicklung einer Synthesemethode jedoch ergibt sich die Forderung, daß sie berücksichtigt und integriert werden müssen, weil sie diejenigen Teile darstellen, die konkret vorliegen und in ihrem Aufbau bekannt sind.

3.2.2.3 Gliederung in Funktionsgruppen

Neben der Aufgliederung in Baugruppen können hydrostatische Anlagen auch unter dem Gesichtspunkt der Gliederung in bestimmte abgegrenzte Funktionen betrachtet werden. Ziel ist es, einer bestimmten Teilfunktion der Gesamtanlage einen abgegrenzten Bereich der hydraulischen Schaltung zuzuweisen. In Kapitel 3.2.1 wurde, ausgehend von der vertikalen Gliederung der Funktionssteuerung einer Maschine/Anlage, der

Begriff Funktionseinheit (FE)˙ eingeführt. Im weiteren sei zur Charakterisierung des in einer FE enthaltenen Teils einer hydrostatischen Anlage der Begriff Funktionsgruppe (FGR) verwendet und wie folgt definiert:

"Unter Funktionsgruppe sei der Teil einer hydrostatischen Anlage verstanden, der im Sinn der Aufgabenstellung eine bestimmte Teilfunktion erfüllt und aus dem Gesamtkreislauf unter Beachtung der gegenseitigen Beziehungen (z.B. gemeinsame Versorgungs- und Rückführungsleitungen) herausgelöst werden kann" /24/.

Können die Baugruppen als Ergebnis einer "horizontalen" Gliederung hydrostatischer Anlagen angesehen werden, so sind die Funktionsgruppen das Ergebnis einer "vertikalen" Gliederung. Als ein anschauliches Beispiel für diese allgemeingültigen Aussagen kann hier eine in Verkettungstechnik ausgeführte Anlage dienen (Bild 3.5, /34/).

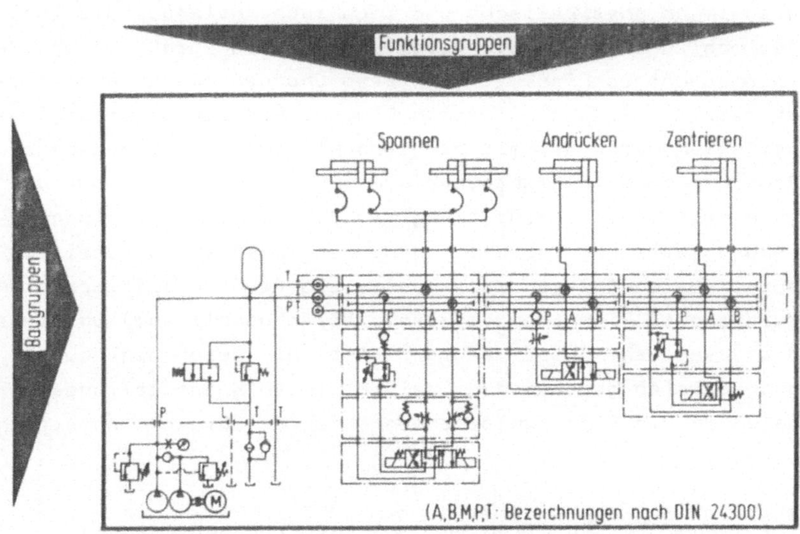

Bild 3.5: Vertikale und horizontale Gliederung hydrostatischer Anlagen

Funktionsgruppen sind immer auf eine konkrete Anwendung zugeschnitten. Die damit zusammenhängende (durch Einbeziehung der Baugruppen erreichte) Komplexität erlaubt es nicht, die Funktionsgruppen zur Basis (hier: zur kleinsten Einheit) einer systematischen Methode zu machen.

Eine Funktionsgruppe beinhaltet immer eine vom Anwendungsfall unabhängige und damit unveränderliche Grundstruktur. Mit Hilfe dieser ist eine systematische Einteilung von Schaltungen hydrostatischer Anlagen möglich.
Die Grundstrukturen müssen an Hand von Untersuchungen realisierter Schaltungen empirisch ermittelt werden. Ausgangspunkt sind die einzelnen Funktionsgruppen einer Anlage.
Die hierbei festzustellenden Ausführungen von Schaltungsstrukturen sind abhängig von Anwendungsbereich und von firmenspezifischen Gegebenheiten bei der Projektierung. Ersteres folgt aus der bereits erwähnten Anpassung der Hydraulik an physikalische und technische Belange. Die Zahl der möglichen Grundstrukturen wird dadurch groß, da grundlegende Unterschiede (z.B. offene und geschlossene Kreislaufsysteme) im Aufbau auftreten können. Das zweite erklärt sich vor allem durch das mit dem Produktionsprogramm gegebene Baugruppen-und Elementespektrum bzw. Baukastensystem. Jedoch ergibt die Beschränkung der Betrachtung auf einen Anwendungsbereich, daß die Funktionsgruppen in industriell ausgeführten Anlagen zwar häufig als firmenspezifisch standardisierte Einheiten (z.B. für Vorschubantriebe) vorliegen, die Gesamtzahl jedoch begrenzt ist. Die durch den Anwendungsbereich gegebenen prinzipiellen Aufgabenstellungen haben in den Einzelunternehmen ähnliche Lösungen entstehen lassen.

3.2.3 Funktionale Gliederung hydrostatischer Anlagen

Parallel zur Strukturanalyse der hydrostatischen Anlage muß eine Analyse ihrer Gesamtfunktion durchgeführt werden. Letzteres ist notwendig um die Zuweisung einer Teilfunktion zu einer Funktionsgruppe zu ermöglichen. Hierzu wird durch Ermittlung der wesentlichen Eigenschaften und Merkmale (z.B. Bewegungscharakteristik) der eigentliche Zweck der Teilfunktion festgelegt. Da, wie in Kapitel 3.3.1 gezeigt wird, die Anzahl der Teilfunktionen für einen Anwendungsbereich begrenzt ist, kann für diesen eine sinnvolle Klassifizierung in Grundfunktionen realisiert werden.

Die funktionale Gliederung hydrostatischer Anlagen ermöglicht die Gegenüberstellung der geforderten Funktionen der Anlage zu den, zur Realisierung notwendigen Schaltungsstrukturen (Bild 3.6). Ziel der weiteren Vorgehensweise ist es, Grundstrukturen und Grundfunktionen zu ermitteln, die strukturelle Abbildung durchzuführen und damit die Grundlage zu einem praktikablen Verfahren zur Schaltplansynthese und Strukturgenerierung zu schaffen.

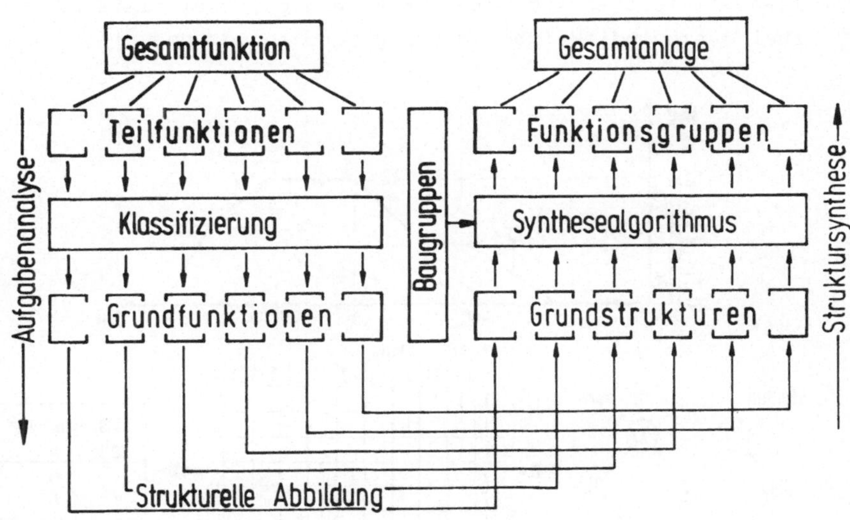

Bild 3.6: Aufgabenanalyse und Struktursynthese hydrostatischer Anlagen

Hierbei ist für die Erfassung der den Teilbewegungen zugrundeliegenden Bewegungsabläufe und deren Klassifizierung als Grundfunktionen eine im Hinblick auf den Rechnereinsatz geeignete Methode zu entwickeln.

3.2.3.1 Darstellung von Grundfunktionen mit Zustandsgraphen

Durch die Beschreibung mit Zustandsgraphen kann eine Teilfunktion einer Anlage, das mögliche Verhalten einer Arbeitseinheit, durch Angaben von Zuständen und Zustandsübergängen dargestellt werden /16,25/. Da bei der vorliegenden Anwendung dies nur der Klassifizierung der Bewegungsabläufe dienen soll, ist der zugehörige Zustandsgraph nur das Abbild der Bewegungscharakteristik (ohne Übergangsbedingungen für die Einzelzustände). In Bild 3.7 ist die Umsetzung vom Funktionsdiagramm einer Teilfunktion in den Zustandsgraphen und dessen Matrixabbildung am Beispiel einer lagebestimmten, translatorischen Arbeitseinheit gezeigt. Realisiert sind zwei Geschwindigkeiten je Bewegungsrichtung und ein außer-

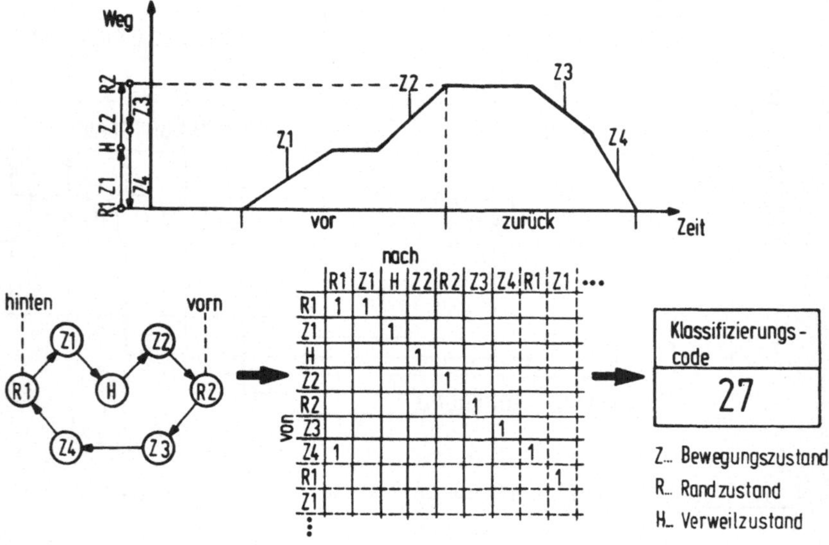

Bild 3.7: Darstellung einer Teilfunktion mit Zustandsgraphen (Minimalstruktur, nur Automatikbetrieb)

halb der Randzustände R auftretender Verweilzustand H. Zusätzliche Verweilzustände durch Ein- und Ausschaltbedingungen sind nicht berücksichtigt. Ebenso sind die möglichen Betriebsarten (Automatik-, Einrichtebetrieb) nicht erfaßt, da sie für die Ermittlung der Grundfunktionen ohne Relevanz sind.

Grundsätzliche Vorgehensweise ist die, daß nach einer geeigneten Eingabe (Kapitel 5.2.1) der zur Teilfunktion gehörenden Einzelbewegung die Aufbereitung zur Matrixdarstellung erfolgt. Die zwischen den Randlagen auftretenden Bewegungs- und Verweilzustände sind durch Algorithmen erfaßbar, der zugehörige Graphentyp kann erkannt und klassifiziert werden. Damit ist die Codenummer der zugehörigen Grundfunktion bestimmt.

3.3 Durchführung der analytischen Gliederung am Beispiel der Werkzeugmaschinenhydraulik

Nur wenige Funktiongruppen sind zu finden, die für alle Bereiche der Industriehydraulik Geltung haben. Der Grund ist, daß für die jeweiligen Maschinen und Anlagen eines Anwendungsbereiches spezifische Schaltungsarten in der Praxis eingeführt sind, die sich aus den speziellen technischen bzw. physikalischen Gegebenheiten entwickelt haben. Berücksichtigt man dies, so ist bei der Durchführung der funktionalen Gliederung - die im Prinzip alle Bereiche erfassen könnte - die Beschränkung auf einen Bereich sinnvoll. Insbesondere gilt dies für die Ermittlung der Grundstrukturen. Die Vorgehensweise soll deshalb im folgenden zwar allgemein dargestellt werden, jedoch am Beispiel hydrostatischer Anlagen aus dem Bereich Werkzeugmaschinenbau (kurz: Werkzeugmaschinenhydraulik) verwirklicht werden.

3.3.1 Teilfunktionen aus dem Bereich Werkzeugmaschinenhydraulik (Ermittlung der Grundfunktionen)

Der Entwurf einer hydrostatischen Anlage basiert gemeinhin auf einer verbalen Beschreibung der Entwurfsaufgabe, die im wesentlichen eine Auflistung der zu leistenden Funktionen enthält. Die Terminologie ist anwendungsabhängig und mehr oder weniger an der zu steuernden Anlage oder Maschine orientiert. So werden im Bereich des Werkzeugmaschinenbaus Teilfunktionen an den spanabhebenden Maschinen durch Begriffe wie:

> Vorschubantrieb, Spindelantrieb, Werkzeugspannung, Werkstückspannung, Werkstücktransport, Werkzeugtransport, Werkzeugwechsel, Werkzeugauszug, Schlittenklemmung, Getriebeschaltung, Gewichtsausgleich etc.

beschrieben. Alle diese, durch Funktionsgruppen hydrostatischer Anlagen realisierbaren Teilfunktionen lassen sich jedoch durch einige wenige Merkmale charakterisieren. So sind die mit translatorischen Arbeitseinheiten realisierten Teilfunktionen bestimmt durch:

- Energieniveau, (Spannen)
- Bewegung oder Lage (Positionieren)

bei rotatorischer Arbeitseinheit durch:

- Winkelgeschwindigkeit und definierte (Schwenken)
- oder nicht definierte Winkellage (Drehen);

und bei Energieversorgungseinheiten wiederum durch das Energieniveau (z.B. Hochdruck-, Niederdruckpumpenkombination). Mit Hilfe dieser Aufteilung kann unter Einbeziehung der Bewegungscharakteristiken eine Ermittlung der Grundfunktionen durchgeführt werden.

Im Werkzeugmaschinenbereich sind für Teilfunktionen hydrostatischer Anlagen, entsprechend den charakteristischen Merkmalen, Bewegungsabläufe bzw. Arbeitszyklen mit:

-wegabhängigem Geschwindigkeitsprogramm
-zeit- oder wegabhängigem Kraft- bzw. Momentenverlauf

verwirklicht.

Die Erfassung der Aufgabenstellung im bereits erwähnten Funktionsdiagramm (Bild 2.3) erlaubt eine übersichtliche Darstellung der Wege, Bewegungszustände und -änderungen, in idealisierter Form. Das Anlauf- und Verzögerungsverhalten der Arbeitseinheiten muß durch Zeitzugaben berücksichtigt werden. Das Funktionsdiagramm bzw. die zur Entwurfsaufgabe gehörenden Beschreibungen geben meist keine Auskunft über die zu erreichende Qualität des Bewegungsablaufes. Einige der wichtigsten charakteristischen Bewegungsaufgaben von rotatorischen und translatorischen Arbeitseinheiten sind in Bild 3.8 dargestellt. Diese Teilfunktionen stammen aus dem Bereich Werkzeugmaschinenbau und wurden im Rahmen dieser Arbeit an Hand einer Untersuchung industriell ausgeführter Anlagen ermittelt. Sie treten in dieser oder ähnlicher Form in allen Anwendungsgebieten hydrostatischer Anlagen auf.

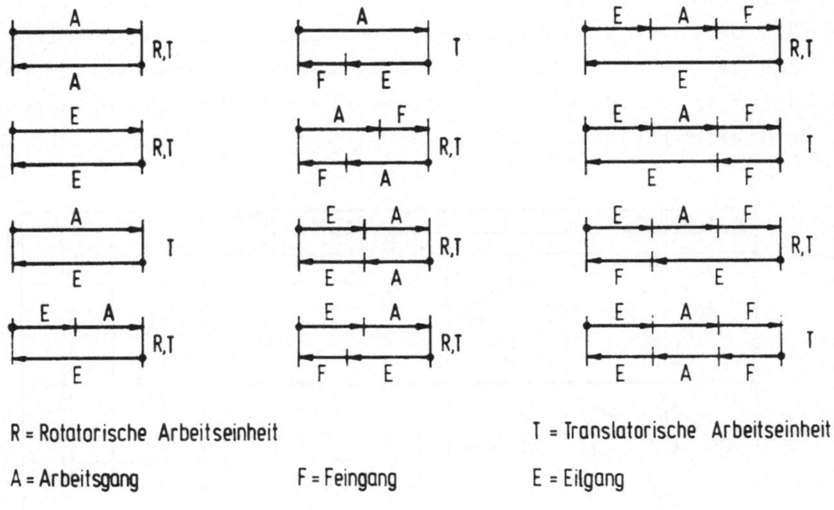

Bild 3.8: Beispiele für Bewegungsabläufe hydrostatischer Arbeitseinheiten

Entgegen früherer Anwendungen sind heute in der Werkzeugmaschinenhydraulik diskrete Schaltungen mit mehr als drei Geschwindigkeitestufen in einer Vorschubrichtung, abgesehen von den Serienmaschinen, selten. Es zeigt sich, daß hier die Verwendung des Proportionalventils, neben qualitativ besseren Schaltungen, auch wirtschaftliche Vorteile durch eine einfachere Schaltungsstruktur erbringt. Prinzipiell sind die in Bild 3.8 dargestellten Bewegungsabläufe für translatorische und rotatorische Arbeitseinheiten verwirklichbar. Die Praxis zeigt jedoch, daß in konventionellen Anlagen die mit Hydromotoren realisierten Funktionen von geringer Variationsbreite sind. Zudem sind sie im Vergleich mit Zylinderantrieben relativ selten, die Anwendung des Hydromotors in offenen Kreislaufsystemen ist in enger Abhängigkeit vom Einsatz der Servospindelantriebe zu sehen.

Beispiele für die Codierung von Grundfunktionen der in Bild 3.8 dargestellten lagebestimmten Teilfunktionen sind in Bild 3.9 ausgeführt. Die Vorgehensweise für die energetisch bestimmten Teilfunktionen (Spanneinheiten, Energieversorgungseinheiten) ist dieselbe.

Typ des Zustandsgraphen	mögliche Bewegungszustände						Klassifizierungscode	
	Z1	Z2	Z3	Z4	Z5	Z6	ohne H	mit H
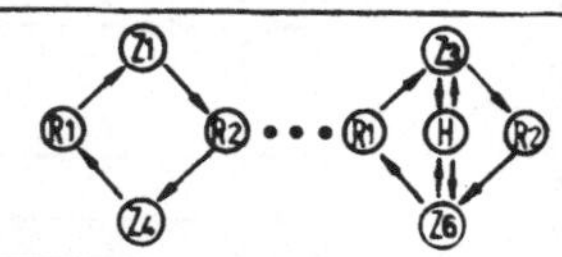	1			1			11	16
		1			1		12	17
	1				1		13	18
		1		1			14	19
			1			1	15	10
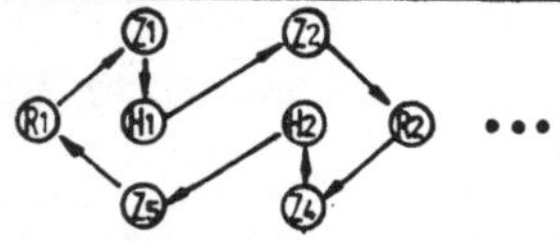	1	1		1	1		20	25
	1	1			1		21	26
	1	1		1			22	27
	1			1	1		23	28
		1		1	1		24	29
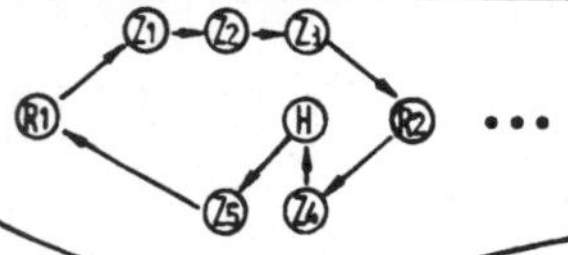	1	1	1	1	1		30	35
	1	1	1		1		31	36
	1	1	1	1	1	1	32	37
	1	1	1		1	1	33	38
								39
	⋮							

Bewegungszustände

Z1 Eilgang vor; Z2 Arbeitsgang vor; Z3 Feingang vor; Z4: zurück; Z5: zurück; Z6: zurück; H Verweilzustand; R: Randzustand

Bild 3.9: Beispiele zur Codierung von Grundfunktionen

3.3.2 Ermittlung von Grundstrukturen aus dem Bereich Werkzeugmaschinenhydraulik

Wie in Kapitel 3.2.2.3 gezeigt wurde, ist für einen gegebenen Anwendungsbereich mit Funktionsgruppen unterschiedlicher Ausführung und Erscheinungsform, eine sinnvolle Festlegung der auftretenden Grundstrukturen durchführbar. So läßt sich für den Werkzeugmaschinenbereich die Ermittlung von firmen- und anwendungsunabhängigen Grundstrukturen realisieren. Entsprechend den möglichen Funktionsgruppentypen sind die Grundstrukturen aufzuteilen in Schaltungsstrukturen zur:

- Ansteuerung einer Spanneinheit
- Ansteuerung einer Vorschubeinheit
- Ansteuerung einer rotatorischen Einheit.

Die Grundstrukturen stellen hierbei nur die Schaltungsteile dar, welche für die prinzipielle Aufgabe der Funktionsgruppe bestimmend sind. So enthalten z.B. die Grundstrukturen zur Ansteuerung eines doppeltwirkenden Zylinders mit einseitiger Kolbenstange (Bild 3.10) nur die Arbeitseinheit und die Schaltungsstruktur zur Realisierung der Richtungssteuerung der Arbeitseinheit.

Das richtungssteuernde Ventil selbst ist nur durch die Zahl der Anschlüsse bestimmt, die innere Verschaltung und die Anzahl der Stellungen ist, unter der Voraussetzung sinnvoller Lösungen, für die Grundstruktur nicht relevant. Demgegenüber sind Bauelemente, welche die Richtungssteuerung beeinflussen (z.B. Rückschlagventile), in der Grundstruktur aufzunehmen. An Hand dieser Vorgehensweise sind beliebig komplexe Strukturen (z.B. Schaltungen mit mehreren Zylindern) zu erfassen. Die Grundstrukturen aller oben genannten Funktionsgruppentypen sind damit zu ermitteln, ohne daß eine Beschränkung der Variationsbreite in Kauf genommen werden muß. Eine Grundstruktur ist in der gegebenen Form nicht funktionsfähig , werden jedoch die entsprechenden richtungssteuernden Ventile eingesetzt, so ist bereits eine größere Anzahl von Schaltungen realisierbar.

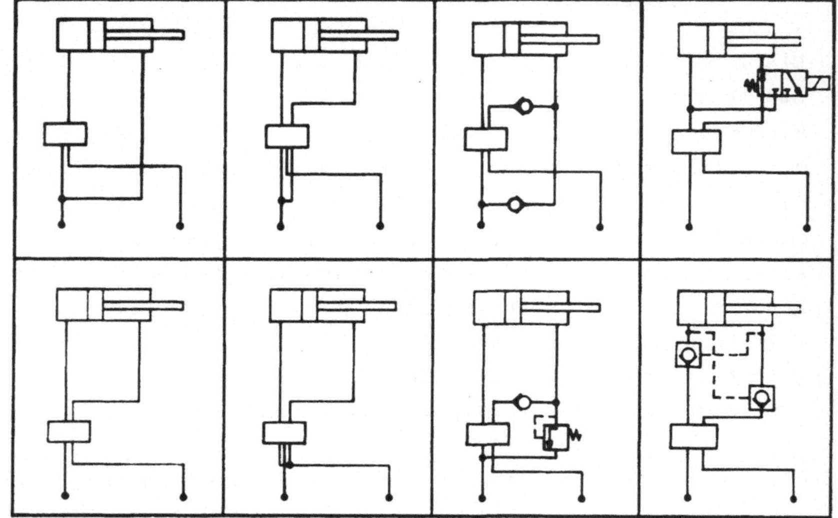

Bild 3.10: Beispiele für Grundstrukturen (Differential-zylinder)

Bei den Funktionsgruppen zur Energieversorgung findet sich bei einer Betrachtung offener Kreislaufsysteme eine im Gegensatz zu den anderen Funktionsgruppentypen geringe Variationsbreite. Die sogenannten Hydroaggregate sind standardisierte Lösungen aus dem Baukastensystem, die zugrundeliegenden Grundfunktionen und Grundstrukturen sind offensichtlich.

3.4 Diskussion und Ausblick

Die Gliederung einer Hydraulikanlage in Baugruppen bildet in der formalen Vorgehensweise das Baukastenprinzip hydrostatischer Anlagen nach und ist Grundlage der Vorgehensweise bei der konventionellen Projektierung. Sie allein reicht jedoch noch nicht aus, einen systematischen Entwurfsalgorithmus zu entwickeln,da eine direkte Umsetzung der durch die Gesamtfunktion einer Anlage gegebenen Aufgabenstellung in Baugruppen nicht möglich ist. Bei der konventionellen Vorgehensweise gehört diese Umsetzung mit zum Erfahrungsschatz des Bearbeiters.

Die "vertikale" Gliederung einer hydrostatischen Anlage in Funktionsgruppen bedeutet sowohl die Gliederung der hydrostatischen Schaltung in Parallelstrukturen, als auch die Gliederung des Entwurfs in nacheinander auszuführende Schritte. Damit ist das grundsätzliche Problem bei der Entwicklung eines Entwurfsverfahrens, die Formulierung der Aufgabe und deren Abbildung durch Schaltungsstrukturen, zu lösen, denn die strukturäquivalente Abbildung der ermittelten Grundfunktionen in entsprechende Grundstrukturen ist ein systematisch realisierbares Zuordnungsproblem.

4 Struktursynthese hydrostatischer Anlagen

Die funktionale und strukturelle Analyse hydrostatischer Anlagen hat gezeigt, daß durch die Präzisierung der Aufgabenstellung an derartige Anlagen eine Gliederung in Funktionsgruppen möglich wird. Zwei, das Syntheseverfahren bestimmende Faktoren ergeben sich aus dieser Aufgliederung. Zum einen ist die Struktur einer hydrostatischen Anlage aus den Funktionsgruppen aufzubauen. Zum anderen soll die Vielzahl der möglichen Funktionsgruppen aus einigen wenigen Grundstrukturen und Baugruppen generiert werden können.

Zur Entwicklung einer systematischen, dem Rechner übertragbaren Synthesemethode ist die Notwendigkeit einer formalen Beschreibung des Projektierungsobjektes gegeben. Sie bildet die Voraussetzung um die ermittelten strukturellen Eigenschaften modellhaft abbilden zu können. Zusammen mit einem ebenfalls zu entwickelnden Modellalgorithmus stellt ein Beschreibungsverfahren zur Strukturabbildung das gesuchte Syntheseverfahren dar.

4.1 Strukturmodell zur Synthese hydrostatischer Anlagen

Für die vorliegende Anwendung wird der Strukturbegriff im Sinne eines Systems von zu beschreibenden Elementen und ihren gegenseitigen Beziehungen gebraucht. In Kapitel 3.2.3.1 wurde die Anwendung der Graphentheorie zur Beschreibung des Verhaltens einer hydrostatischen Anlage durch Darstellung mittels Zustandsgraphen gezeigt. Für Probleme der Informatik, der Automatentheorie, der Regelungstechnik und der Organisationstechnik wurden ebenfalls auf der Graphentheorie basierende Verfahren entwickelt, welche in die Praxis umgesetzt werden konnten /35/. Daneben hat die Graphentheorie, ohne vertiefte Anwendung von Sätzen und Theoremen, für die Beschreibung von technischen Gebilden und Verfahren (z.B. Werkstückdarstellung, Baugruppen- und Maschinenbeschreibung) Bedeutung erlangt. Dies erklärt sich aus der besonderen

Eignung dieses Hilfsmittels, Strukturen und topologische Zusammenhänge durch Angabe der ein- oder wechselseitigen Beziehungen zwischen Einzelobjekten aufzuzeigen.

Der mit der Graphentheorie erreichte Abstraktionsgrad und die damit verbundene Transparenz der Zusammenhänge erleichtert aber auch die Algorithmierung der konstruktiven Vorgänge zum Aufbau eines technischen Objekts. Im folgenden soll deshalb die Graphentheorie mit der Zielrichtung, einen Modellalgorithmus für die betrachteten Strukturen hydrostatischer Anlagen zu entwickeln, Anwendung finden. Hierzu sei, im Hinblick auf die sehr uneinheitliche Terminologie, kurz auf einige verwendete Grundbegriffe und Darstellungsformen der Graphentheorie eingegangen, im übrigen jedoch auf die Literatur /z.B. 26,27/ verwiesen.

4.1.1 Beschreibung topologischer Beziehungen in technischen Strukturen

Im Gegensatz zu den mit Zustandsgraphen dargestellten Sachverhalten, werden topologische Beziehungen in technischen Strukturen zumeist durch endliche, ungerichtete Graphen dargestellt, da bei dieser Anwendung keine irreversiblen Zustände oder aufeinander aufbauende Vorgänge auftreten.
Ein Graph G, bestehend aus einer Menge $V = V\ (G)$ den Knoten, mit $V\ (G) = [v_1, \ldots v_n]$, einer Menge $E = E\ (G)$ den Kanten mit $E\ (G) = [e_1, \ldots e_m]$ sowie einer auf E definierten Abbildung, die jedem $e_l \in E$ genau ein Paar von Elementen v_j, $v_k \in V$ zuordnet, (Inzidenzabbildung) ist definiert als:

$$G = (V, E)$$

Bei ungerichteten Graphen ist das jedem $e \in E$ zugewiesene Paar von Elementen aus V nicht geordnet. Ein Graph heißt endlich, wenn seine Knotenmenge (und damit implizit auch seine Kantenmenge) endlich ist.

Die durch einen Graphen beschriebene Struktur ist zusammenhängend, wenn zwischen zwei Knoten ein Kantenzug existiert.

Ein Kantenzug ist eine endliche Folge von Kanten mit der Eigenschaft, daß je zwei aufeinanderfolgende Kanten einen gemeinsamen Knoten besitzen. Hierbei sind Kanten parallel, wenn sie die Endknoten gemeinsam haben.

Lassen sich die Knoten (Kanten) eines Graphen in unabhängige Mengen zerlegen, so bezeichnet man diesen Sachverhalt als Färbung. Ein Knoten ist gefärbt, wenn ihm außer den mit ihm inzidenten Kanten noch eine weitere Eigenschaft zugeordnet werden kann. Eine Kante ist gefärbt, wenn ihre Endknoten nach Färbung der Kante in einer Beziehung stehen, die vor der Färbung der Kante nicht bestand.

Neben diesen Definitionen und Begriffen ist für die weitere Vorgehensweise, vor allem im Hinblick auf die numerische Behandlung der Struktur, die Darstellung von Graphen in Matrizenform wichtig.

Für die Darstellung von ungerichteten Graphen gilt der Ansatz, daß der jeweils betrachtete Graph $G = (V,E)$ $|V|$ Knoten besitze und die Knoten nach einer festen Vorschrift durchnumeriert seien (Bild 4.1).

Zur Darstellung von Nachbarschaftsbeziehungen läßt sich eine sogenannte Knoten- und Adjazenzmatrix wie folgt definieren: zwei Kanten sind benachbart oder adjazent, wenn sie einen gemeinsamen Endknoten besitzen. Man stellt einen Graphen $G = (V,E)$ durch eine symmetrische $|V| X |V|$ Matrix A_G dar.

Es gilt:

$$a_{jk} = \begin{cases} r, \text{ falls } (v_j, v_k) \in E \\ 0, \text{ sonst.} \end{cases}$$

Hierbei ist "r" die Anzahl der Kanten, welche die mit "j" und "k" indizierten Knoten verbinden. (Auf die Darstellung der Null wurde in den Abbildungen verzichtet).

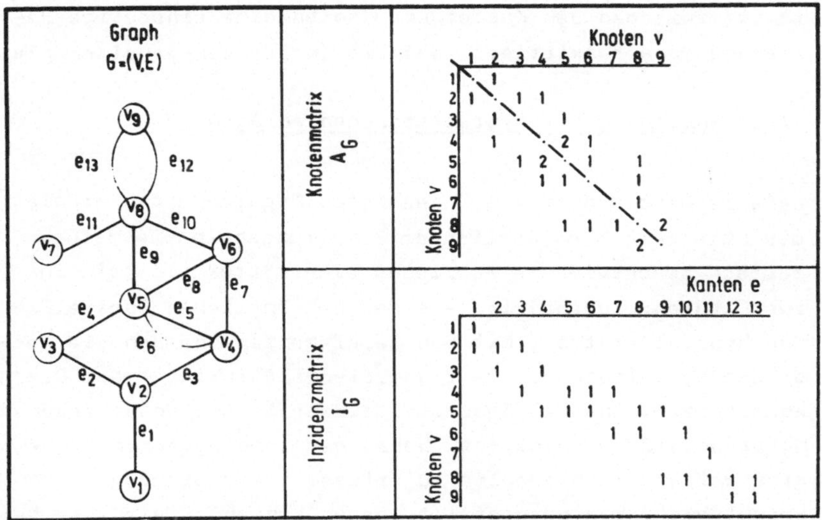

Bild 4.1: Abbildung eines Graphen durch Matrizen

Führt man zusätzlich zur Knotennumerierung eine feste Kantennumerierung ein, so kann die Struktur des Graphens durch die Inzidenzmatrix dargestellt werden:
eine Kante $e_l = (v_j, v_k)$ sei inzident mit den Knoten v_j und v_k. Man kann einen Graphen $G = (V,E)$ durch eine Boolesche $|V| \times |E|$ Matrix I_G darstellen, hierbei ist

$$i_{jl} = \begin{cases} 1, & \text{falls } e_l \text{ inzident mit } v_j \\ 0, & \text{sonst.} \end{cases}$$

Die mit einer Kante inzidenten Knoten sind also die Endpunkte der Kante.

Neben der Darstellung von Graphen und deren Prüfung auf Vollständigkeit, läßt sich mit den Strukturmatrizen auch das Problem des Vergleichs von Graphen lösen. Zwei Graphen betrachtet man in der Regel als gleich, wenn sie von "gleicher Struktur" sind, wobei jedoch nur in Ausnahmefällen die Identität gemeint ist. Vielmehr gilt die Gleichheit durch eine isomorphe Abbildung als gegeben, d.h. durch ein Graphenpaar, in dem zwischen den Knoten und Kanten eine eindeutige Beziehung derart existiert, daß die Inzidenzen erhalten bleiben.

4.1.2 Anwendung bei hydrostatischen Anlagen

Entsprechend den in 4.1.1 gezeigten Möglichkeiten erfolgt die Umsetzung hydrostatischer Schaltungen in die mathematisch beschreibbare Abbildung einer Strukturmatrix in zwei Stufen. Zuerst wird aus der herkömmlichen Darstellung des Hydrauliknetzes, mit den Bauelementen und den sie verbindenden Leitungen, die topologische Struktur - der Graph - abstrahiert. Anschließend wird dieser in die entsprechende Matrixabbildung umgesetzt. Neben der topologischen Struktur sind weitere Sachverhalte zu erfassen, die nicht mit den Strukturmatrizen dargestellt werden können. Sie müssen beim Vergleich der Möglichkeiten einer Strukturbeschreibung durch Matrizen berücksichtigt werden.

4.1.2.1 Darstellung mittels Strukturmatrizen

Um die Vorteile der jeweils gewählten Form der Strukturmatrix auszunützen, sind unterschiedliche Vorgehensweisen und Übereinkünfte bei der Abstrahierung der Schaltung in einem Graphen erforderlich. Bild 4.2 zeigt die Abbildung einer Hydraulikstruktur durch eine Inzidenzmatrix. Eine Unterteilung in "passive" und "aktive" Bauelemente ergibt die dargestellte kompakte Form. Hierbei sind die Bauelemente, die durch Schaltzustände eine Leitungsverzweigung ermöglichen, (z.B. Wege- oder Druckventile) "aktiv" und werden zusammen mit den verzweigenden Leitungselementen (T-Stücke,etc.) und den freien Anschlüssen als Knoten des aufzubauenden Graphen deklariert. Die Leitungen sind die Kanten des Graphen. Die in ihnen enthaltenen "passiven" Bauelemente (Drosseln, etc.) werden in der Matrix nicht explizit erfaßt. Weitere Knoten und Kanten sind zu definieren, um die, bei der anschließenden Berechnung des Hydraulikkreislaufes störenden, parallelen Kanten zu eliminieren (s.a./2/).

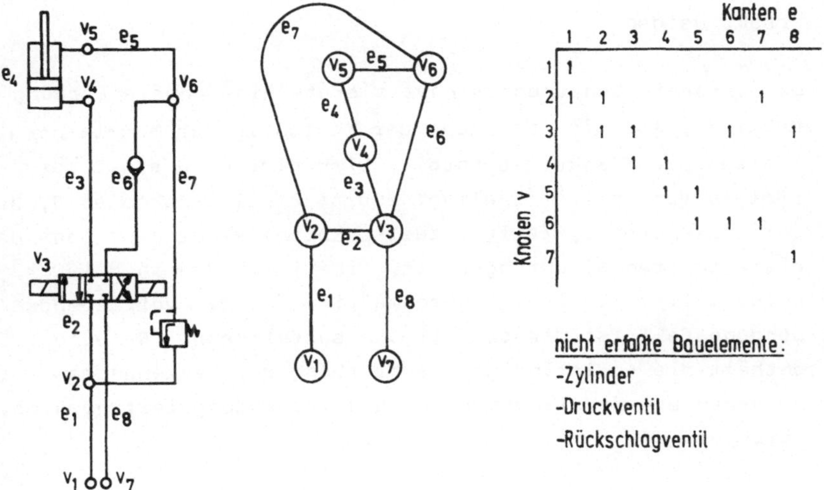

	1	2	3	4	5	6	7	8
1	1							
2	1	1					1	
3		1	1			1		1
4			1	1				
5				1	1			
6					1	1	1	
7								1

Bild 4.2: Inzidenzmatrix einer hydraulischen Schaltung

Bei einer Abbildung der untersuchten Hydraulikstruktur in einer zur Diagonalen symmetrischen Knotenmatrix sind, durch die bei ungerichteten Graphen fehlenden Zuordnungen, die Mehrfachbeziehungen von Knoten untereinander nicht eindeutig. Die hydrostatischen Schaltungen eigene Aufteilung in Bauelemente und Verbindungsleitungen ermöglicht die sogenannte Färbung des Graphens durch Einführung von zwei Knotenklassen. Die beispielhaften Ansätze hierzu /z.B. 33/ eliminieren jedoch die Mehrfachbeziehungen nicht.

In der vorliegenden Anwendung wird deshalb die Klasse der Bauelementknoten (gefärbte Knoten) um die Leitungsverzweigungen (T-Stücke etc.) und die freien Anschlüsse erweitert. Die Verbindungsleitungen werden als Leitungsknoten (ungefärbt) geführt. Die zwischen den Knoten bestehenden

Relationen werden als Kanten abgebildet (Bild 4.3) . Mit dieser speziellen Knotenfärbung läßt sich erreichen, daß keine parallelen Kanten mehr auftreten (Eindeutigkeit der Beziehungen) und außerdem alle Bauelemente in der Matrix erfaßt werden.

Da weiterhin benachbarte Knoten stets eine andere Färbung besitzen, ist die Anordnung der Knoten in der Matrix nach Klassenzugehörigkeit sinnvoll. Wird dies nach einer speziellen Vorschrift (Spalten: zuerst Bauelementknoten B, dann Leitungsknoten L, Zeilen: zuerst Leitungsknoten L, dann Bauelementknoten B) durchgeführt, erhält man den in Bild 4.3 dargestellten Teil der Knotenmatrix. Für den vorliegenden Anwendungsfall ist dieser Teil von ausreichender Relevanz. Er enthält die vollständige Beschreibung der Beziehungen zwischen den Bauelementen und den Verbindungsleitungen der Struktur.

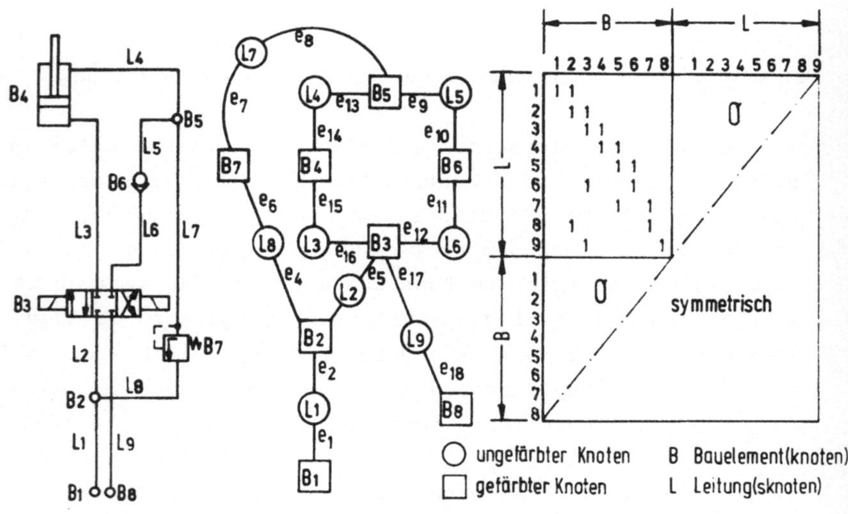

Bild 4.3: Knotenmatrix einer hydraulischen Schaltung

Ergebnis dieser Betrachtung der Darstellungsformen von Graphen mittels Matrizen ist, daß beide geeignet sind, die topologischen Beziehungen, die sich aus den Strukturen hydrostatischer Anlagen ergeben, zu beschreiben. Im Hinblick auf die Entwicklung eines Modellalgorithmus zur Struktursynthese ist jedoch die Beschreibung mittels einer Knotenmatrix günstiger. Der Grund hierfür ist, daß sie infolge des höheren Informationsgehaltes (durch Erfassen aller Bauelemente und Leitungen) eine übersichtliche Darstellung aller Relationen ermöglicht. Das Problem des Vergleichs von Graphen (mit der Inzidenzabbildung günstig zu lösen), tritt bei der vorliegenden Anwendung nicht auf. Darüberhinaus ist der Aufwand zur Beschreibung zusätzlicher Parameter geringer als bei der Anwendung der Inzidenzmatrix.

4.1.2.2 Beschreibung zusätzlicher Sachverhalte zur Struktur

Zur Struktur gehörende und nicht mit den Strukturmatrizen beschreibbare Sachverhalte und Eigenschaften sind:
- die Zuordnung der Bauelementknoten zum Gerätespektrum
- die Kennzeichnung der Anschlüsse bzw. Einbaurichtungen der Bauelemente
- die Kennzeichnung der "passiven" und "aktiven" Bauelemente
- die Kennzeichnung spezieller, dem Modellalgorithmus zugehöriger Vereinbarungen.

Entsprechend dem unterschiedlichen Informationsgehalt der Strukturmatrizen sind zur Beschreibung dieser Sachverhalte verschieden angepaßte Listen und Tabellen zu führen.
Diese ergeben gemeinsam mit der jeweiligen Matrixabbildung die entsprechende, rechnergerechte Darstellung der betrachteten Hydraulikstruktur. Im weiteren soll die Darstellung auf der Basis der Knotenmatrix eingeführt und an Hand dieser auf die notwendigen Zusatzinformationen eingegangen werden.

4.1.3 Rechnergerechte Darstellung auf der Basis der Knotenmatrix

Komponenten der rechnergerechten Darstellung sind die Knotenmatrix, die Gerätetabelle und die Zeigertabelle. In Bild 4.4 sind am Beispiel einer Hydraulikschaltung die Zusammenhänge dieser Komponenten gezeigt. Hierbei werden die den Spalten der Knotenmatrix entsprechenden Bauelemente durch je eine Zeile der Gerätetabelle beschrieben. Im einzelnen gehören hierzu die Kennzeichnung durch einen Namen (zur Unterscheidung gleichartiger Elemente), die Spezifizierungen zum Gerätetyp (z.B. innere Verschaltung der Geräteanschlüsse) und die Klassifizierung durch einen Gerätecode.

In der Zeigertabelle sind **zusätzliche Angaben zur Struktur** in sogenannten Zeigern zusammengefaßt. Ein Zeiger ist je einem Bauelementknoten zugeordnet und wird über einen speziellen Strukturschlüssel generiert. Dieser Schlüssel enthält zwei Arten von Informationen und ist in seiner Stellenanzahl auf die üblichen standardisierten Bauelemente zugeschnitten. Hierbei ist die eine Informationsart in der 1. Stelle des Zeigers - **dem Typschlüssel** - zusammengefaßt. Er charakterisiert die strukturellen Eigenschaften eines Bauelementknotens. So erhält ein Bauelementknoten als 1. Kennziffer:

0, wenn das Bauelement Anfangs- bzw. Endelement einer Struktur und $\Sigma L = 1$ ist;
1, wenn das Bauelement passiv und $\Sigma L = 1$ ist, oder wenn es nichtverzweigend und $\Sigma L = 2$ ist;
2, wenn das Bauelement verzweigend und $\Sigma L > 2$ ist.

Weitere Kennziffern müssen eingeführt werden um zusätzliche Sachverhalte, die für den Modellalgorithmus von Bedeutung sind erfassen zu können. Auf sie wird im folgenden jeweils bei der Entwicklung der einzelnen Algorithmen gesondert eingegangen.

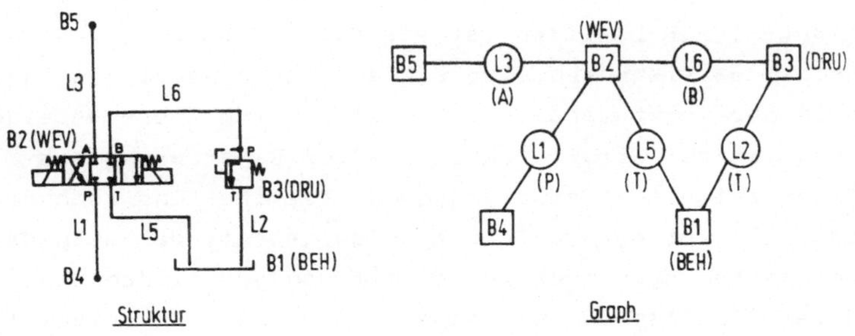

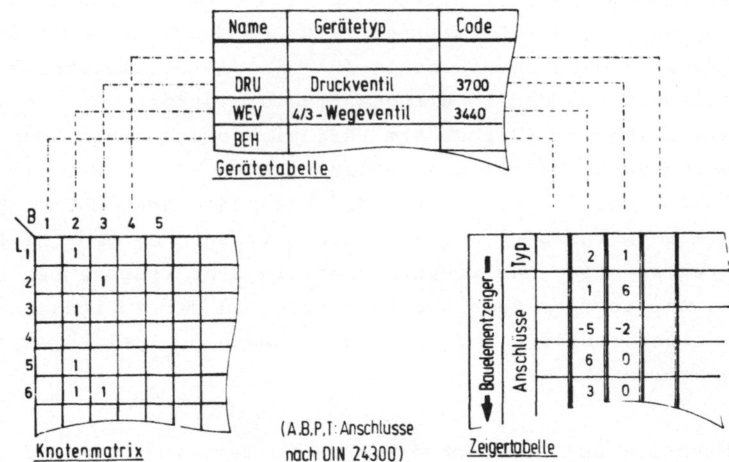

Name	Gerätetyp	Code
DRU	Druckventil	3700
WEV	4/3-Wegeventil	3440
BEH		

Gerätetabelle

L \ B	1	2	3	4	5		
1		1					
2			1				
3		1					
4							
5		1					
6		1	1				

Typ	2	1		
Anschlüsse	1	6		
	-5	-2		
	6	0		
	3	0		

Bild 4.4: Komponenten der rechnergerechten Darstellung

Die zweite Informationsart des Bauelementzeigers wird durch die restlichen Stellen des Strukturschlüssels charakterisiert. Es handelt sich um die Angaben zu den Anschlüssen der Leitungen an die Bauelemente nach DIN 24300 /14/. Hierbei werden die Nummern der Leitungsknoten in der jeweiligen Struktur in der Reihenfolge Zufluß- (DIN 24300 : P), Abfluß- (R,S,T...), Arbeits- (A,B,C...) und Steuerleitungen (X,Y,Z,..) eingetragen, wobei diese Gruppen jeweils durch wechselndes Vorzeichen (beginnend mit +) unterschieden werden. Ein nicht vorhandener Anschlußtyp wird durch den Wert 0 gekennzeichnet. Bei passiven Bauelementen ist die Durchflußrichtung ohne Bedeutung, bei Bauelementen die nur P- und T-Anschlüsse besitzen ist sie direkt abzulesen, bei verzweigenden Bauelementen wird sie aus den zusätzlichen Angaben in der Gerätetabelle ermittelt. Durch diese Vereinbarungen ist der Strukturschlüssel zur Generierung des Bauelementzeigers anforderungsgemäß flexibel und rechnergerecht. Die Zeigertabelle ist so aufgebaut, daß sich die in den Spalten stehenden Zeiger mit den jeweiligen Bauelementen (Spalten der Knotenmatrix) decken. Am Beispiel des im Bild 4.4 gezeigten 4/3-Wegeventils sei die Vorgehensweise zusammenfassend erläutert. Dieses Wegeventil wird mit dem Namen WEV, dem Gerätecode 3440 und weiteren Angaben (s. Bauelementbeschreibung in /2/) in die Gerätetabelle eingetragen. In der Schaltungsstruktur entspricht es dem Bauelementknoten B2 , es ist verzweigend und erhält den Strukturtyp 2. L1 ist die Zuflußleitung (P), L5 ist die Abflußleitung (T) somit sind die entsprechenden Werte des Bauelementzeigers +1 und -5 . Die Leitungen L6 und L3 sind Arbeitsleitungen und wiederum positiv einzutragen. Der Bauelementzeiger des Bauelements 2 steht in der zweiten Spalte der Zeigertabelle und durch das Zahlenfeld +2,+1,-5,+6,+3,0 gekennzeichnet.

Im Hinblick auf die rechentechnische Verwirklichung sind die Kriterien Speicherplatzbedarf, Verarbeitungsalgorithmus und Verarbeitungszeit bestimmend für die rechnerinterne Abbildung. Können hierbei die Zeigertabelle und die Gerätetabelle direkt in Form von Datenfeldern übernommen werden, so ist die direkte Umsetzung der Knotenmatrix durch die große Anzahl unbesetzter Speicherzellen unwirtschaftlich. Die in der Knotenmatrix dargestellten Nachbarschaftsbeziehungen sind günstiger in Form einer zweidimensionalen Liste (Nachbarschaftliste) abzuspeichern (s.Kapitel 5.2.4, Bild 5.8).

An Hand der rechnergerechten Strukturdarstellung läßt sich ein übersichtlicher Modellalgorithmus zur Synthese hydrostatischer Anlagen aufbauen. Mit der rechentechnischen Realisierung im Rahmen von REKONA stehen komfortable und problemgerechte Hilfsmittel zur Verfügung, die den Anwender der Synthesemethode von einer manuellen Aufbereitung der Strukturdarstellung befreien. Hierauf wird ebenfalls in Kapitel 5 näher eingegangen.

4.2 Systematischer Aufbau von Funktionsgruppen

Die Erscheinungsformen der Funktionsgruppen sind zu vielfältig und ihre Struktur zu komplex, um sie zu der kleinsten Einheit zu machen, auf der dann das Syntheseverfahren aufbauen kann. Der Beschreibungsaufwand mit dem in Kapitel 4.1 entwickelten Verfahren und der damit entstehende Speicherplatzbedarf zur Darstellung in der rechnerinternen Form, wäre nicht in vertretbarem Rahmen zu halten. Generiert man jedoch die jeweilige Funktionsgruppe aus den in Kapitel 3 hergeleiteten Grundstrukturen und Baugruppen, so ergeben sich für die oben genannten Kriterien realisierbare Größenordnungen.

4.2.1 Erfassung der Modellkomponenten

Um das den Funktionsgruppen zugrundeliegende Strukturmodell durch Algorithmen erfassen zu können, sind die Orte festzulegen, an denen die Grundstrukturen erweitert werden können. Für das realisierte Syntheseverfahren werden fünf derartige Orte definiert. In Bild 4.5 sind sie am Beispiel zweier Grundstrukturen dargestellt. Hierbei liegen α, β und ε durch den generellen Aufbau der Grundstrukturen fest, γ und δ jedoch sind im zu- bzw. ableitenden Strang frei wählbar. Der Einbauort ε ist notwendig, um das durch die Grundstruktur nicht näher festgelegte, richtungssteuernde Ventil für die Funktionsgruppe zu klassifizieren, wobei die möglichen Anschlüsse durch die oben genannten Stränge bestimmt sind.

Der Ansatz, nur vier Erweiterungsorte vorzusehen,bedeutet keine Einschränkung des Verfahrens, da, wie später gezeigt werden kann (Kapitel 4.3.2.3), die gewählte Methode die Möglichkeit einer systematischen Fortschreibung der Einbauorte beinhaltet.

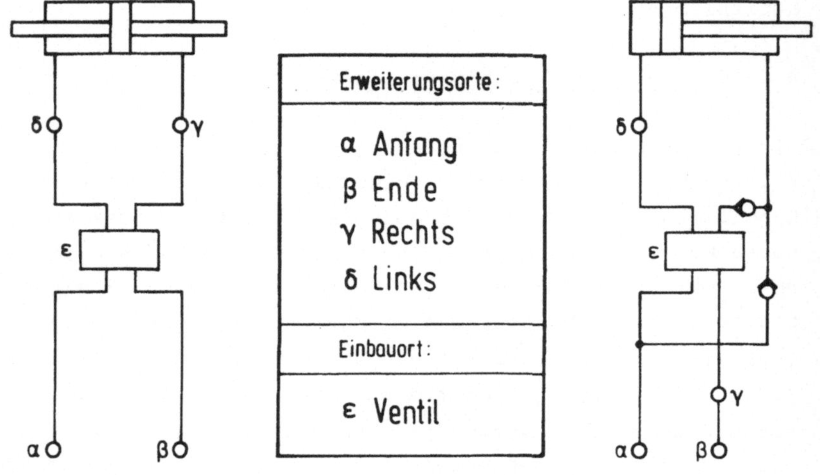

Bild 4.5: Beispiele zur Erweiterung von Grundstrukturen

Die Definition von Einbauorten ist ein weiterer Sachverhalt, der in das Verfahren zur Strukturbeschreibung übernommen werden muß. Hierzu ist der Strukturschlüssel zur Generierung der Zeigertabelle zu erweitern. Der ersten Stelle eines Zeigers werden nun bei Bedarf die Kennziffer 3 für die Einbaustellen γ und δ bzw. die Kennziffer 4 für das richtungssteuernde Element zugewiesen. Die Kennzeichnung der Stellen α und β, welche das Anbauen von Baugruppen erlauben, kann wiederum algorithmisch mit Hilfe der Knotenmatrix und der Gerätetabelle (Gerätetyp: Anschlußverschraubung) durchgeführt werden (Bild 4.6).

Bei der Beschreibung der Baugruppen muß unterschieden werden zwischen einzubauenden (2 Anschlüsse) und anzubauenden (1 Anschluß). Hierbei wird das Anfangs- bzw. Endelement über die Knotenmatrix identifiziert ($\Sigma L = 1$) und mit Hilfe der Gerätetabelle verglichen, ob das jeweilige Bauelement

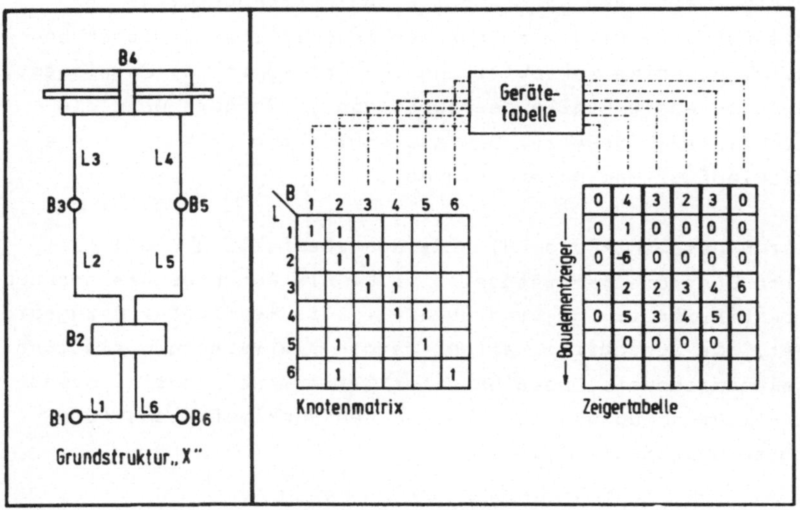

Bild 4.6: Strukturelle Abbildung von Grundstrukturen

zur Verbindung geeignet ist oder nicht. In Bild 4.7 sind an Hand zweier Baugruppen die prinzipiellen Möglichkeiten dargestellt.

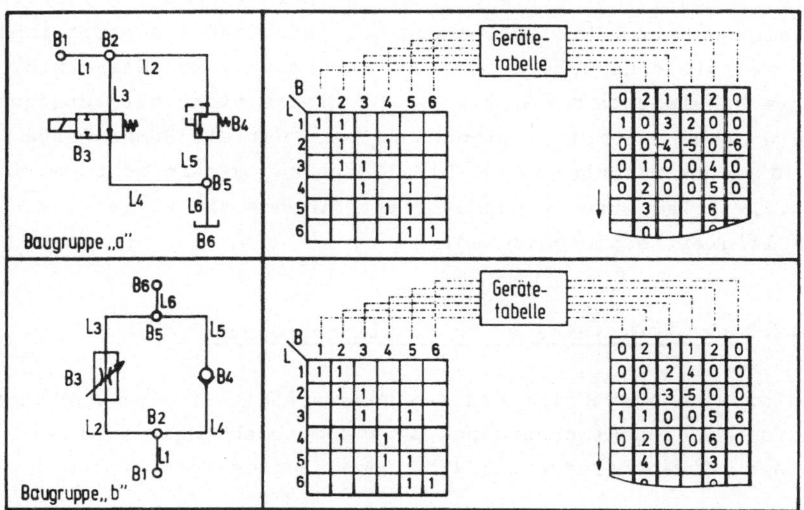

Bild 4.7: Strukturelle Abbildung von Baugruppen

Hierbei wird das Bauelement 6 der oberen Struktur über die Gerätetabelle als Behälter identifiziert, dieser besitzt nur eine Zuflußleitung und ist somit das Endelement. Auf die erste Stelle des zugeordneten Zeigers wird die Kennziffer 0 gesetzt. Die angeschlossene Leitung wird als Rücklaufleitung gekennzeichnet.

Der Bauelementknoten B1, für den ebenfalls $\Sigma L = 1$ gilt, wird über die Gerätetabelle, z.B. als Anschlußverschraubung, identifiziert. Ihm wird ebenfalls die Kennziffer 0 zugeordnet, die zugehörige Leitung jedoch als Versorgungsleitung gekennzeichnet. Diese Struktur ist demnach an eine Grundstruktur anzubauen und zwar an den Rücklaufstrang (Erweiterungsstelle β).

Dagegen enthält die untere Struktur in Bild 4.7 zwei Bauelemente mit der Kennziffer 0, deren angeschlossene Leitungen als Arbeitsleitungen zu kennzeichnen sind. Dieser Baustein ist an den Stellen α, γ, δ einer Grundstruktur an- bzw. einzubauen. Die zugehörigen Bauelementknoten werden zwar als Anfangs- bzw. Endknoten bezeichnet, jedoch bedeutet diese keine Festlegung der Durchflußrichtung bei diesem Baugruppentyp. Die Verwendung der Zeigertabelle ermöglicht eine beliebige Numerierung der Strukturen, so müssen z.B. die Bauelemente α bzw. β eines Bausteins nicht notgedrungen die Ecken der Matrix einnehmen, wenn nur die Reihenfolge (α vor β) beachtet wird. Diese Regelung vereinfacht das in 4.2.2 erläuterte Syntheseverfahren, ohne die allgemeine Gültigkeit einzuschränken.

4.2.2 Struktursynthese von Funktionsgruppen

Anforderungsgemäß ist das Syntheseverfahren zum methodischen Aufbau von Funktionsgruppen anwendungsunabhängig realisiert. Dies wird durch 3 Arten von Eingangsinformationen erreicht. Es sind im einzelnen:

- die Angaben, an welchen Stellen einer Grundstruktur welche Baugruppen einzusetzen sind, um die Funktionsgruppe aufzubauen;
- die modellgerechte Beschreibung der Grundstrukturen und Baugruppen;
- die Angaben zum richtungssteuernden Ventil, die aus der Ermittlung der Grundfunktion (Kapitel 3.3.1) herzuleiten sind.

Ergebnis der Synthese ist die Abbildung des strukturellen Aufbaus der Funktionsgruppe, wiederum in Form einer Knotenmatrix, einer Gerätetabelle und einer Zeigertabelle.

Es sei zuerst der Ablauf des Syntheseverfahrens zur Generierung der Knotenmatrix betrachtet. In Bild 4.8 ist das generelle Prinzip zum Aufbau der Knotenmatrix einer Funktionsgruppe dargestellt. Eine Abfrage der gewünschten Erweiterungsstellen in der Reihenfolge α, δ, γ, β, steht am Anfang des Ablaufs zur Generierung dieser Knotenmatrix. Für nicht betroffene Stellen wird die Knotenmatrix der Grundstruktur übertragen. Ist eine Verknüpfung an der Stelle α gegeben, so wird die Knotenmatrix der betreffenden Baugruppe ("1") vor derjenigen der Grundstruktur ("0") eingetragen. Der Endknoten von "1" ist mit dem Anfangsknoten von "0" identisch. Bei einer Verknüpfung an den Stellen δ, γ ist der allgemeine Aufbau der Grundstrukturen (Bild 4.5) zu beachten. Diese Erweiterungsstellen sind immer zum Ventil ε benachbart. Damit ein vom Einbauort abhängiges Drehen der Baugruppe um 180^{0} vermieden wird, hat der Einbau so zu erfolgen, daß,

- wenn die Baugruppe zwischen ε und der Arbeitseinheit liegt, der Anfangsknoten der Baugruppe mit γ bzw. δ (Bild 4.8, Baugruppe "2") identisch wird,
- wenn die Baugruppe zwischen ε und α bzw. β liegt, der Endknoten mit γ (Bild 4.8, Baugruppe "3") bzw. δ identisch wird.

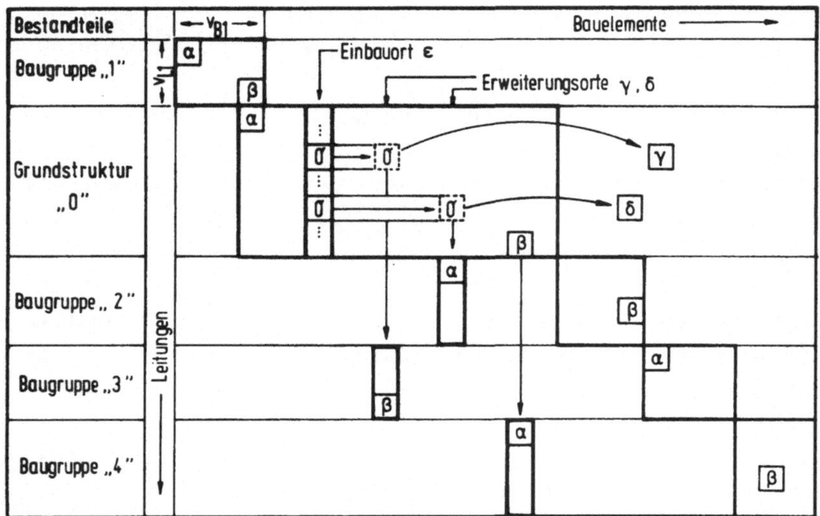

Bild 4.8: Generierung der Knotenmatrix einer Funktionsgruppe

Weiterhin muß der Knoten γ bzw. δ in der Knotenmatrix von "0" gelöscht werden und auf die Stelle β (Baugruppe oberhalb von ε) bzw. α (Baugruppe unterhalb von ε) der zugehörigen Knotenmatrix übertragen werden. Betroffen hiervon sind die Leitungen, welche von γ bzw. δ in Relation zu ε wegführen. Sie sind in den Zeilen der Knotenmatrix von "0" zu finden, in denen die Knoten γ bzw. δ liegen und in der der Spalte ε zugeordneten Stelle eine 0 eingetragen ist.

Bei der Verknüpfung der Baugruppe "4" mit der Erweiterungsstelle β von "0" wird die Spalte α von "4" mit der Spalte von "0" identisch und die verbleibende Teilmatrix von "4" in die Gesamtmatrix übertragen. Die Anzahl der Zeilen einer aus k Strukturen generierten Funktionsgruppenmatrix ergibt sich zu:

$$\sum_{j=1}^{k} v_{Lj}$$

v_{Lj} = Anzahl der Leitungen der Struktur j

Bei der Numerierung der Spalten ist die Reihenfolge und Numerierung (v_{B1}) der ersten Teilmatrix direkt zu übernehmen. Bei den weiteren erhöht sich die Numerierung um $v_{Bj}-1$, wobei die Reihenfolge bis zum Bauelementknoten α bzw. β der Baugruppe identisch ist. Da dieser jedoch in einen Knoten der vorangeordneten Struktur übergeht, ändert sich Reihenfolge und Numerierung der nachfolgenden Spalten. Die Anzahl der Spalten der aus k Strukturen generierten Matrix beträgt:

$$v_{B1} + \sum_{j=2}^{k} (v_{Bj}-1)$$

v_{Bj} = Anzahl der Bauelemente der Struktur j

Die Generierung der Knotenmatrix einer Funktionsgruppe soll an einem Beispiel verdeutlicht werden. Bild 4.9 zeigt die Knotenmatrix einer Funktionsgruppe, die aus der Grundstruktur "X" von Bild 4.6 und den Baugruppen "a" und "b" von Bild 4.7 aufgebaut ist. Diese Strukturen liegen in der modellgerechten Beschreibung vor. Die weiteren Eingangsinformationen bestimmen, daß die Baugruppe "a" an die Stelle β (B6) und die Baugruppe "b" an die Stelle γ(B5) der Grundstruktur an- bzw. einzubauen ist. Die der Funktionsgruppe zugeordnete Grundfunktion erfordere keinen Verweilzustand zwischen den Endlagen, womit das richtungssteuernde Ventil durch zwei Stellungen und durch die mit der Grundstruktur gegebene Zahl der Anschlüsse bestimmt ist (4/2 - Wegeventil). In Bild 4.9 sind die Spalten der Teilmatrizen, die für die Strukturgenerierung von besonderer Bedeutung sind, gekennzeichnet.

Zum Aufbau der Geräte- und Zeigertabelle einer Funktionsgruppe sind die Informationen der entsprechenden Tabellen der Grundstrukturen und Baugruppen teils direkt zu übernehmen. Dies gilt für Bauelementknoten, die in der Zeigertabelle durch die Kennziffern 1 oder 2 bezeichnet sind, da diese durch das Syntheseverfahren nicht verändert werden. Der

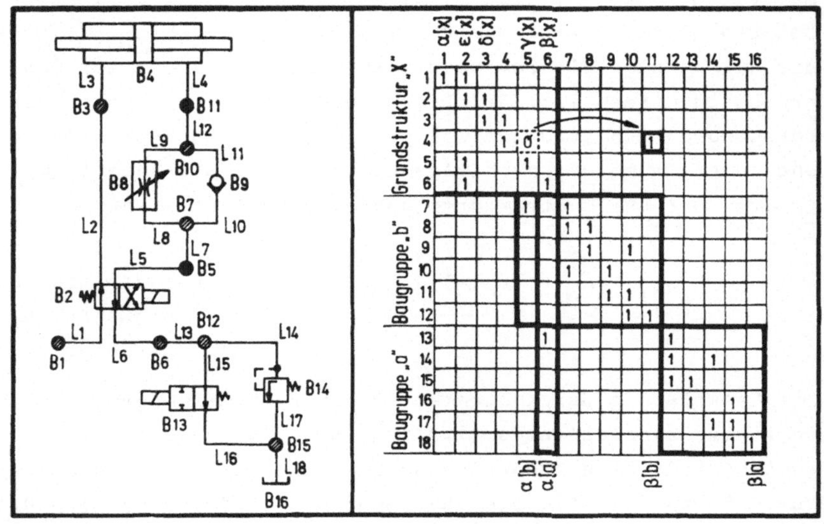

Bild 4.9: Beispiel einer generierten Knotenmatrix

Bauelementknoten ε wird in der Gerätetabelle entsprechend den Eingangsinformationen zum richtungssteuernden Ventil verändert und bekommt in der Zeigertabelle die Kennung eines verzweigenden Elementes. Miteinander verknüpfte Anfangs- bzw. Endknoten einzelner Strukturen werden zu einem Bauelementknoten und erhalten die Kennung für ein nichtverzweigendes Element.

Nicht verknüpfte Anfangs- bzw. Endelemente sind dann Anfangs- bzw. Endelemente der generierten Funktionsgruppe und werden unverändert übernommen. Die Reihenfolge der Elemente in den generierten Tabellen entspricht der Spaltenanordnung der generierten Knotenmatrix.

Damit ist die Struktur der generierten Funktionsgruppe vollständig bestimmt und in der rechnergerechten Beschreibungsform realisiert.

4.3 Synthese hydrostatischer Anlagen

Die dem Modellalgorithmus zur Synthese einzelner Funktionsgruppen zugrundeliegende Vorgehensweise wiederholt sich prinzipiell beim methodischen Aufbau vollständiger Anlagen und Steuerungen der Hydrostatik. Die Modellkomponenten sind hierbei die Energieversorgungseinheit und eine oder mehrere die Gesamtfunktion der Anlage bestimmende Funktionsgruppen.
Die Energieversorgungseinheit nimmt bei der Umsetzung in eine Modellkomponente eine Sonderstellung ein. Sie ist einerseits, wie in Kapitel 3.3 bereits gezeigt, nicht auf dieselbe Weise bestimmbar wie die Funktionsgruppen und deshalb zu den Baugruppen zu zählen. Andererseits sind auch hier, bei grundsätzlich festliegendem Aufbau, eine Reihe von Bauvarianten üblich. Aus diesem Grund wird für die Aufbereitung der Energieversorgungseinheiten zu Modellkomponenten die gleiche Vorgehensweise zum Aufbau (Grundstruktur und erweiternde Baugruppen) wie bei den Funktionsgruppen gewählt. Damit ist das Beschreibungsverfahren und der Synthesealgorithmus für die Funktionsgruppen auch auf die Energieversorgungseinheiten anwendbar.

Bei der Festlegung eines Verfahrens zur Verknüpfung von Modellkomponenten zu einer Gesamtanlage ist von einer Betrachtung industriell gefertigter Anlagen und Steuerungen auszugehen. Hier zeigt es sich, daß im Anwendungsbereich Werkzeugmaschinenbau die direkte Verbindung zwischen den jeweiligen Funktionsgruppen und der Energieversorgungseinheit die weitaus häufigste Ausführungsform darstellt. Mit ihr wird eine weitgehende Rückwirkungsfreiheit der einzelnen Anlagenteile erreicht. Eine Abwandlung dieser Ausführungsform ist bei größeren Anlagen (Transferstraßen etc.) die Zusammenfassung der direkten Verbindungen zu sogenannten Sammelleitungen (Versorgungs-, Rücklauf-, Leckölleitungen). Welche Bedingungen sich daraus im "Normalfall" für die Verknüpfung der Funktionsgruppen (Modellkomponenten) ergeben, soll zunächst behandelt werden. Die Einbeziehung spezieller Ausführungen, z.B. Verknüpfungen zwischen einzelnen Funktions- bzw. Baugruppen, werden anschließend in Kapitel 4.3.2 gezeigt.

4.3.1 Aufbau der Gesamtanlage aus Funktionsgruppen

Wie in Kapitel 4.2.2 dargestellt wurde, liegt die Abbildung des strukturellen Aufbaus einer generierten Funktionsgruppe in Form der reduzierten Knotenmatrix, der Gerätetabelle und der Zeigertabelle vor. Entsprechendes gilt nach Anwendung des Syntheseverfahrens für die jeweilige Energieversorgungseinheit. Ziel ist es, den Aufbau der Gesamtanlage aus diesen Einzelkomponenten ebenfalls mit den Mitteln des Beschreibungsverfahrens durchzuführen.

Die Abbildung der Gesamtanlage in einer Knotenmatrix zeigt Bild 4.10. Entsprechend den oben erwähnten Ausführungsarten werden beginnend mit der Matrix der Energieversorgungsein-

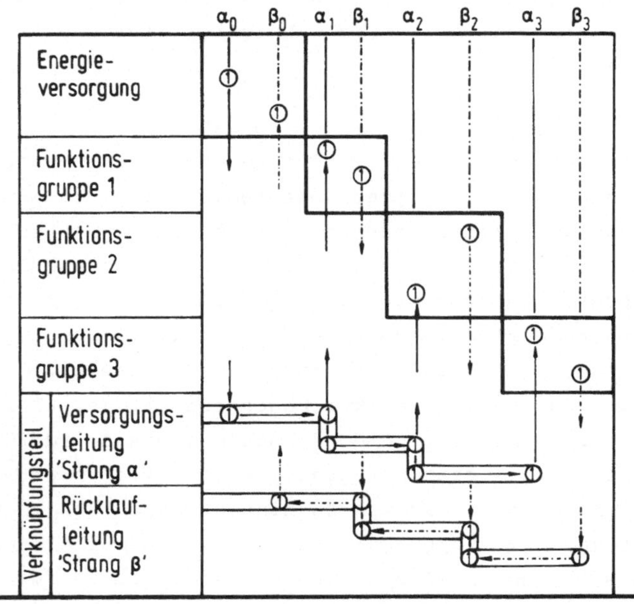

Bild 4.10: Aufbau der Gesamtmatrix aus Modellkomponenten

heit, die Einzelmatrizen der Funktionsgruppen nacheinander angeordnet. Die Reihenfolge der Funktionsgruppen ist hierbei beliebig, jedoch muß sich eine lückenlose Numerierung der Spalten bzw. Zeilen der Gesamtmatrix ergeben. Anders als bei der Funktionsgruppenmatrix findet keine Verschmelzung von Bauelementknoten statt.

Die Verknüpfung der Einzelstrukturen zu einer Gesamtanlage wird in der Gesamtmatrix durch einen besonderen Verknüpfungsteil geleistet. Sie ist realisiert durch je einen vom Anfangs- bzw. Endknoten der Energieversorgungseinheit ausgehenden "Strang". Die Verkettung der Anfangsknoten "α" zu einer Versorgungsleitung, bzw. die Verkettung der Knoten "β" zu einer Rücklaufleitung zeigt Bild 4.10.

Die jeweilige Zeile des Verknüpfungsteils der Matrix entspricht einem Abschnitt der zum Strang gehörenden Verbindungsleitung. Im Bild ist eine Anlage mit Sammelleitungen dargestellt. Soll stattdessen ein sternförmiges Netz zur Versorgung der Funktionsgruppen aufgebaut werden, erfolgt ein anderer Aufbau des Verknüpfungsteils. Die Anfangs- bzw. Endpunkte werden nicht gekettet, sondern jeweils eine eigene Relation zu der Spalte α_0 bzw. β_0 der Energieversorgungseinheit aufgebaut. In beiden Fällen werden die zu verbindenden Bauelementknoten mit Hilfe der Zeigertabelle erkannt. Weitere gemeinsame Stränge (z.B. für Leckölleitung, Steuerleitung) sind bei entsprechend aufbereiteten Modellkomponenten realisierbar.

Der Aufbau der zur Gesamtanlage gehörenden Geräte- und Zeigertabellen ist einfach, da keine Bauelemente hinzuzunehmen bzw. in andere zu übertragen sind. Lediglich in der Zeigertabelle ist der durch die neu hinzugekommenen Verbindungsleitungen gegebene Sachverhalt zu berücksichtigen. Die Einzeltabellen werden entsprechend der Reihenfolge in der Knotenmatrix übernommen, wobei eine neue durchgehende

Numerierung der Bauelemente und Leitungen (in der Gerätetabelle und in der Zeigertabelle) durchzuführen ist.

Damit ist das Ziel, die rechnergerechte Darstellung der generierten Gesamtanlage erreicht. Die durch das Syntheseverfahren erzeugte Knotenmatrix weist aus Gründen der eindeutigen Darstellung eine geringe Besetzung auf. Hier vor allem ist eine Abspeicherung in Form der bereits erwähnten Nachbarschaftsliste von Vorteil.

4.3.2 Generierung spezieller Strukturen der Hydrostatik

Im folgenden soll an Hand spezieller Ausführungsformen hydrostatischer Anlagen der Leistungsumfang des Syntheseverfahrens aufgezeigt werden. Beim Entwurf einer Steuerung läßt sich im hydraulischen Teil nicht immer die konsequente Trennung in separate Gruppen (Baugruppe, Funktionsgruppe), bzw. die ausschließliche Signalkopplung über die elektrische Ansteuerung realisieren. Dies gilt vor allem für Einsatzfälle, wo eine Signalverknüpfung bei gleichzeitiger Druck- bzw. Volumenstromregelung notwendig ist (Ausnahme: Proportionalventile). Beispiele hierfür sind:

- Gleichlaufschaltungen für Zylinder
- getrennte Ölversorgung für Eilgang- bzw. Spannfunktionen
- kraftgesteuerte Verriegelung von Funktionen
- kraftabhängige Folgesteuerung.

Sind in einem Anwendungsbereich derartige Schaltungen häufig, so lohnt es sich, das Beschreibungsverfahren einzusetzen und diese speziellen Strukturen in das Syntheseverfahren aufzunehmen. Es sind hierbei folgende Realisierungsformen zu unterscheiden:

- die Verknüpfung von Baugruppen innerhalb der Funktionsgruppen,
- die zusätzliche Verknüpfung einzelner Funktionsgruppen,
- der schrittweise Aufbau von komplexen Funktionsgruppen aus mehr als vier Baugruppen.

4.3.2.1 Beziehungen zwischen Baugruppen einer Funktionsgruppe

Baugruppen, die zur Verknüpfung innerhalb einer Funktionsgruppe dienen, sind dadurch gekennzeichnet, daß sie neben dem α - und β - Element ein weiteres freies Leitungselement besitzen. Dieser Sachverhalt wird beim Beschreibungsverfahren durch Angabe eines speziellen Zeigers (1. Stelle: 5) in der Zeigertabelle berücksichtigt, ansonsten ist die Aufbereitung zur Modellkomponente gleich (Bild 4.11).
In der zu generierenden Knotenmatrix der Funktionsgruppe sind die freien Leitungselemente zu suchen und miteinander zu verbinden.

Als eine Realisierungsmöglichkeit hierzu käme in Betracht, daß ähnlich der Matrix der Gesamtanlage, ein Verknüpfungsteil innerhalb der Funktionsgruppe aufgebaut wird. Als Folge würde sich jedoch eine unnötige Vergrößerung der Matrix ergeben, da zwei bereits vorhandene Leitungselemente durch ein weiteres zu verbinden sind. Eine derartige Vergrößerung fällt beim Aufbau der Gesamtmatrix nicht ins Gewicht, wohl aber bei den (wesentlich zahlreicheren) Funktions- und Baugruppen. Deshalb wurde für diese Modellkomponenten eine Vorgehensweise realisiert, bei der die beiden Leitungselemente zu einem verschmolzen werden (Bild 4.11). Im Gegensatz zur Knotenmatrix der Gesamtanlage ist dies möglich, da die davon betroffenen Endelemente die jeweils einzigen Elemente einer Spalte bilden.

Die Eindeutigkeit der Matrix bleibt erhalten, jedoch wird bei der Verschmelzung zweier derartiger Elemente eine Spalte frei. Im Hinblick auf einen einfach zu realisierenden Algorithmus wird das Element der "nachfolgenden" Baugruppe gelöscht. Hierbei ist eine Verschiebung von Spaltennummern nicht notwendig, da es zum Löschen des Elementes ausreicht, daß der Spaltenzähler an der aktuellen Spalte stehenbleibt. (Das nächste Element wird in diese Spalte übertragen).

Gleiches gilt für die Zeigertabelle, wobei das verbleibende Element zu einem Einbauelement (Kennziffer: 1) mit den entsprechenden Leitungsanschlüssen umgewandelt wird. Die Verknüpfung der Baugruppen "c" und "d" ist in Bild 4.14. an einem konkreten Beispiel dargestellt.

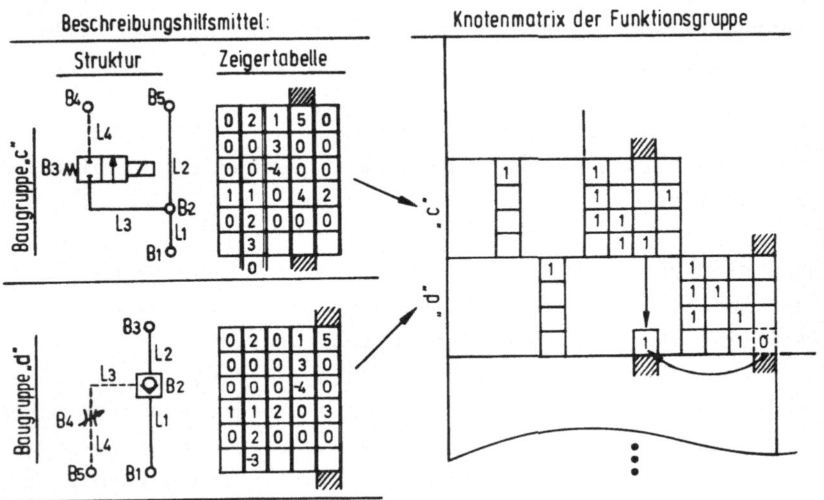

Bild 4.11: Verknüpfung von Baugruppen innerhalb einer Funktionsgruppe

4.3.2.2 Beziehungen zwischen Funktionsgruppen

Die Verknüpfung von einzelnen Funktionsgruppen ist ebenfalls mit Hilfe von freien Leitungselementen durchzuführen. Diese sind innerhalb einer Funktionsgruppe auf zwei Arten zu realisieren. Entweder enthält bereits die Grundstruktur der Funktionsgruppe dieses freie Leitungselement, oder es wird eine Baugruppe verwendet, die nach der Verknüpfung innerhalb der Funktionsgruppe eine freie Anknüpfungsstelle besitzt. In Bild 4.12 ist am Beispiel einer Energieversorgungseinheit eine derart entstandene Struktur gezeigt.

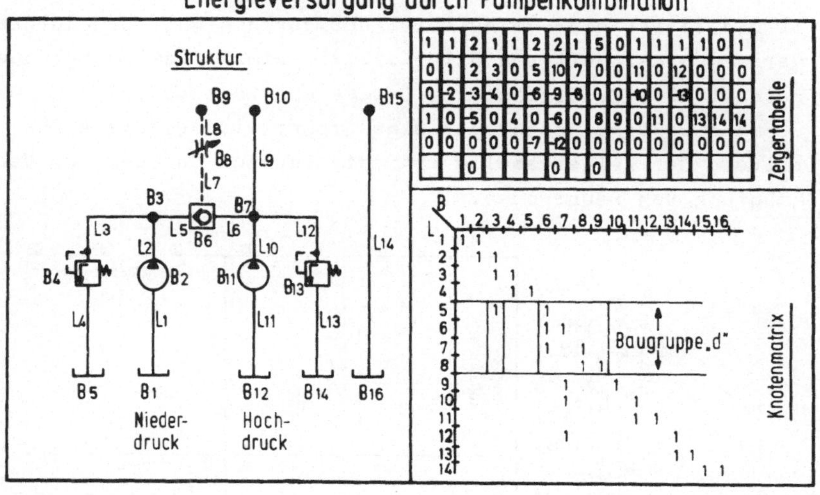

Bild 4.12: Funktionsgruppe mit freien Leitungselementen

Entsprechend den gegebenen Anforderungen läuft das Syntheseverfahren in zwei Schritten (zuerst Aufbau der Funktionsgruppe dann der Gesamtanlage) ab. Nach der Verknüpfung innerhalb einer Funktionsgruppe behält das freie Leitungselement der Baugruppe die Kennziffer 5 in der Zeigerliste. Hierbei sind, abhängig von der Anzahl der freien Elemente (je FGR nur 1 Element) in der Gesamtanlage, verschiedene Fälle zu unterscheiden:

- ein freies Element, welches zusätzlich zu den regulären Verbindungen mit der Energieversorgung verknüpft wird, und
- zwei freie Elemente, welche miteinander verbunden werden.

Bei drei und mehreren freien Elementen sind Kriterien zur Verknüpfung anzugeben, ebenso für die beiden ersten Fälle, wenn andere Verknüpfungen gewünscht sind. So kann z.B. durch Angabe von Prioritäten die Reihenfolge der FGR-und damit der Verknüpfungen-bei mehreren freien Elementen beeinflußt werden.

Die Realisierung der Verbindungen zwischen den Funktionsgruppen erfolgt im Verknüpfungsteil der Gesamtmatrix. In Bild 4.13 ist dies am Beispiel der Verknüpfung der Energieversorgungseinheit von Bild 4.12 mit einer Funktionsgruppe dargestellt. Zusätzlich zur Druck- und Rücklaufleitung besteht eine Verbindung über eine Steuerleitung. Die Aufbereitung der Zeigertabelle ist entsprechend der bei der Verknüpfung von Baugruppen.

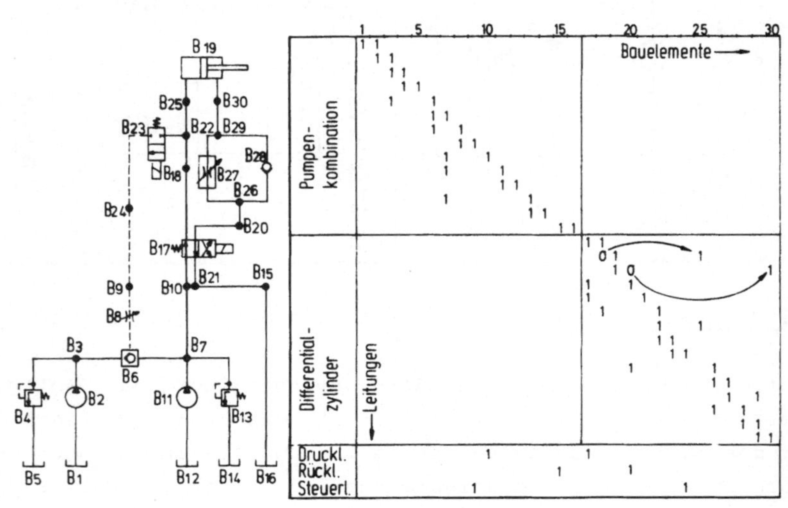

Bild 4.13: Zusätzliche Verknüpfungen innerhalb der Gesamtanlage

4.3.2.3 Aufbau komplexer Funktionsgruppen aus Modellkomponenten

Grundlage des Syntheseverfahrens sind Modellkomponenten, die vorab mit Hilfe des Beschreibungsverfahrens aufzubereiten sind. Hierzu gehört neben der reinen Umsetzung in Modellkomponenten auch die Analyse und Erfassung des spezifisch vorhandenen Lösungsspektrums. Der damit verbundene Aufwand schließt aus Gründen einer rationellen Anwendung, die Einbeziehung von speziellen, selten auftretenden Hydraulikstrukturen aus. Es ist wirtschaftlicher derartige Strukturen bei Bedarf aktuell zu generieren. Durch eine geeignete Abwandlung ist das Syntheseverfahren auch auf diese Einsatzfälle anzuwenden.

Beim Aufbau einer komplexen Funktionsgruppe ist wiederum die Grundstruktur der Ausgangspunkt. Der entwickelten Vorgehensweise liegt der Gedanke zugrunde, daß die Aufbereitung der Grundstruktur, d.h. die Bestimmung des richtungssteuernden Ventils, der betroffenen Erweiterungsstellen und der jeweiligen Baugruppen nicht zur endgültigen Form einer Funktionsgruppe führt, sondern nur einen ersten Schritt dazu bildet. In die entstandene Struktur können durch wiederholte Anwendung des Syntheseverfahrens weitere Baugruppen eingefügt und damit der gewünschte Aufbau der Funktionsgruppe erreicht werden.

Hierzu behalten die als Einbaustellen der Grundstruktur gekennzeichneten Bauelementknoten nach der Aufbereitung der Grundstruktur ihre vorherige Kennung (Kennziffer 3), bekommen aber die neue, der Zwischenstruktur entsprechende Numerierung. Ist eine Anbaustelle (α bzw. β, Kennziffer 0) von einer Verknüpfung betroffen, so bekommt der entsprechende Bauelementknoten anschließend ebenfalls die Kennung einer Einbaustelle.Bild 4.14 zeigt eine derartige Zwischenstruktur die aus der Grundstruktur X und den Baugruppen a,b,c, d entstanden ist. (Die Baugruppen d und c sind zusätzlich miteinander verknüpft). Da alle Einbaustellen der Grundstruktur betroffen sind, entsprechen die Bauelementknoten B5, B7, B9 B10 den neuen Einbaustellen. Das Syntheseverfahren bedingt eine Gruppierung der Einbaustellen um das richtungssteuernde Ventil (s.a. Kapitel 4.2.2). Deshalb wird bei der Erweiterung der Zwischenstruktur durch eine Baugruppe diese zwischen dem Ventil und der restlichen, bereits aufgebauten Struktur eingefügt. Die Anwendung erfordert demzufolge ein Vorausdenken bezüglich der Vorgehensweise zum Aufbau der gewünschten Struktur. Bei der rechentechnischen Realisierung des Syntheseverfahrens ist diesem Umstand Rechnung zu tragen. Möglichkeiten hierzu bietet die interaktive Benutzerführung.

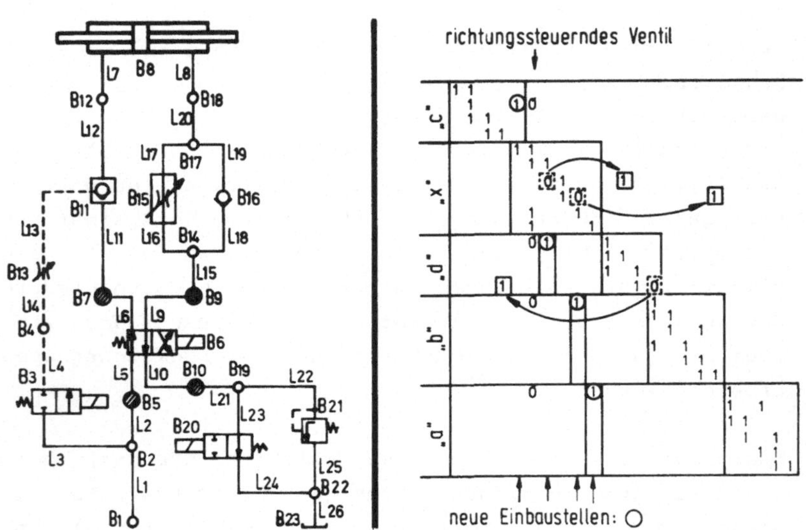

Bild 4.14: Zwischenstruktur zur Generierung einer komplexen Funktionsgruppe

Außer zum Aufbau komplexer Schaltungsstrukturen mit dem Syntheseverfahren eignet sich die Vorgehensweise der Generierung einer Zwischenstruktur auch für andere Anwendungen. Mit dieser Methode läßt sich z.B. die mehrfach angesprochene - bei Hydraulikanbietern verbreitete - Verkettungstechnik sehr gut in das Syntheseverfahren einbeziehen. Bild 4.15 zeigt den Aufbau einer in Verkettungstechnik (Längs- und Höhenverkettung) realisierten Schaltung, sowie die ihr entsprechende aus Modellkomponenten zusammengesetzte Knotenmatrix.

Die Umsetzung der Verkettungselemente (Verkettungsplatten, Ventilplatten, Zwischenplattengeräte) in Modellkomponenten -

mit Hilfe einer problemorientierten Eingabesprache - ist in Bild 5.10 beispielhaft dargestellt.

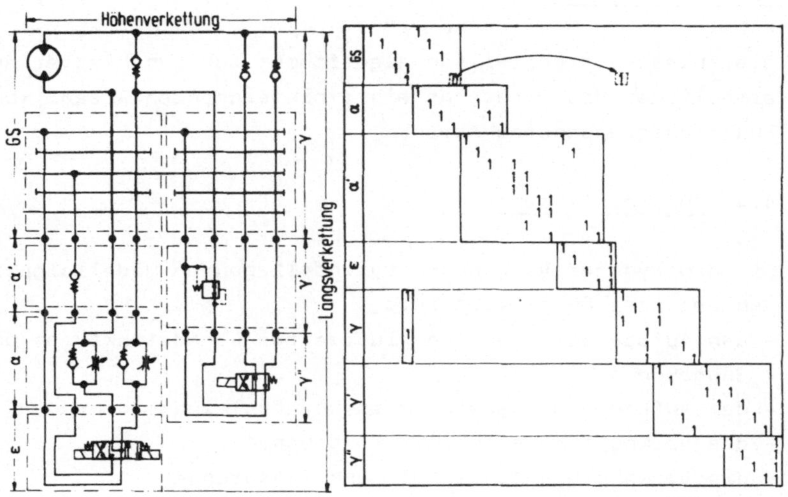

Bild 4.15: Anwendung des Syntheseverfahrens (Funktionsgruppe in Verkettungstechnik)

Die Anordnung der Zwischenplattengeräte zur Längsverkettung bedingt, daß bei Verwendung derartiger Baugruppen die Erweiterungsstellen α und β zusammenfallen. Hierbei ist die Höhenverkettung durch die Erweiterungsstellen γ und δ zu erreichen, während die Generierung einer Zwischenstruktur zur Realisierung der Längsverkettung dient. Zum Aufbau einer Funktionsgruppe wird deshalb zuerst die Höhenverkettung durch Erweitern der Grundstruktur an den Stellen γ und δ und durch Aktualisieren des Ventils ε durchgeführt. Anschließend ist diese Zwischenstruktur wiederum an den Stellen γ und δ und an der Stelle α erweiterbar. Damit ist die Struktur der Schaltung von Bild 4.15 durch folgende Schritte verwirklicht:

1. Zwischenstruktur: Grundstruktur GS, Erweiterung γ, 4/3 Wegeventil bei ε ;

2. Zwischenstruktur: 1. Zwischenstruktur, Erweiterung α und γ'

Funktionsgruppe: 2. Zwischenstruktur, Erweiterung α' und γ''

Die zuletzt dargestellten Algorithmen zum Syntheseverfahren ermöglichen die Erfassung einer hinreichenden Anzahl komplexer Funktionsgruppenstrukturen.

4.4 Zusammenfassung

Die dem Syntheseverfahren zugrundeliegenden Modellalgorithmen besitzen Gültigkeit für:

- den Aufbau von Funktionsgruppen aus Grundstrukturen und Baugruppen
- den Aufbau von Gesamtanlagen aus Funktionsgruppen
- die Verknüpfung einzelner Baugruppen
- die Verknüpfung einzelner Funktionsgruppen
- den Aufbau komplexer Funktionsgruppen zur Einbeziehung spezieller Lösungen durch Fortschreibung der Einbauorte.

Zur Synthese geeignete Hydraulikstrukturen werden mit Hilfe eines Beschreibungsverfahrens zu Modellkomponenten aufbereitet. Das Beschreibungsverfahren basiert auf graphentheoretischen Methoden und erlaubt die rechnergerechte Darstellung der Modellkomponenten und der generierten Hydraulikstrukturen. Kern der rechnergerechten Darstellung ist die Knotenmatrix in ihrer reduzierten Form. Zusätzliche strukturelle Eigenschaften sind in der Gerätetabelle und der Zeigertabelle zusammengefaßt. Neben der Angabe der Verknüpfungen eines Bauelementes enthält die Zeigertabelle alle besonderen Struktursachverhalte die durch die 1. Ziffer des Bauelementzeigers wie folgt beschrieben sind:

z=0 End- oder Anfangselement, Anbau möglich;
z=1 Einbauelement, nicht verzweigend;
z=2 Einbauelement, verzweigend;
z=3 Einbauelement, Erweiterung der Struktur möglich;
z=4 Element ist richtungssteuerndes Ventil;
z=5 zusätzliches Endelement zur Verknüpfung von Baugruppen.

Die Leistungen des entwickelten Syntheseverfahrens lassen sich folgendermaßen zusammenfassen:

- die offenstehenden Variationsmöglichkeiten wirken einer ungewollten Standardisierung entgegen.
- Eine Anpassung an benutzerabhängige Gegebenheiten ist möglich. Mit Hilfe des Beschreibungsverfahrens kann ein beim Anwender vorhandener Vorrat an Hydraulikstrukturen zu entsprechenden Modellkomponenten aufbereitet werden.
- Die dem Beschreibungs- und Syntheseverfahren zugrundeliegenden Algorithmen sind für den Einsatz auf Rechenanlagen geeignet.

5 Programmsystem zur rechnerunterstützten Projektierung hydrostatischer Anlagen

Die im Rahmen dieser Arbeit durchgeführten Untersuchungen und Verfahrensfestlegungen bildeten die Grundlage zur Entwicklung von Digitalrechnerprogrammen. Entsprechend der Zielsetzung wurde ein Programmsystem geschaffen, das die rechnerunterstützte Abwicklung der Projektierung mit weitgehend automatischer Erstellung der zugehörigen Unterlagen ermöglicht.

Für dieses sogenannte Projektierungssystem erbrachten die in Kapitel 3 erläuterten Gliederungen eine Abstrahierung der Aufgabenstellung an hydrostatische Anlagen. In entsprechender Form aufbereitet ist damit die rechnerinterne Analyse der zu erfüllenden Anlagenfunktionen realisierbar. Weiterhin wurde der Aufbau hydrostatischer Anlagen analysiert und Verfahren für eine Abbildung der gefundenen Funktionen in Hydraulikstrukturen entwickelt.

Die Informationen, die sowohl die Ausgangsdaten für die einzelnen Projektierungstätigkeiten darstellen, als auch zur informationsschlüssigen Kopplung der Unternehmensbereiche Konstruktion, Arbeitsplanung und Fertigung dienen, müssen in einer geeigneten Form im Rechner vorhanden sein. Die Voraussetzung hierfür ist durch die in Kapitel 4 gezeigten Möglichkeiten zur Generierung und Abspeicherung der Strukturdaten hydrostatischer Anlagen gegeben.

5.1 Eingliederung des Projektierungssystems in REKONA

Aufgabengemäß war das Projektierungssystem im Rahmen von REKONA zu verwirklichen, da somit bereits vorhandene Programmfunktionen (z.B. Zugriff auf Datenbank) mit einbezogen werden konnten. Vorteilhafte Realisierungsmöglichkeiten ergaben sich durch den modularen Aufbau von REKONA (Bild 5.1). Durch Aufteilung des zu lösenden Problems in einzelne Arbeitsschritte und durch eine geeignete Programmstrukturierung wurden die neuen, zum Projektierungssystem gehörenden Moduln (z.B. Bewegungsanalyse, Struktursynthese) so aufgebaut, daß sie auf die Speicherkapazität der MDT-Rechenanlage (Arbeitsspeicher meist bis 64 k-Worte à 16 bit) abgestimmt sind.

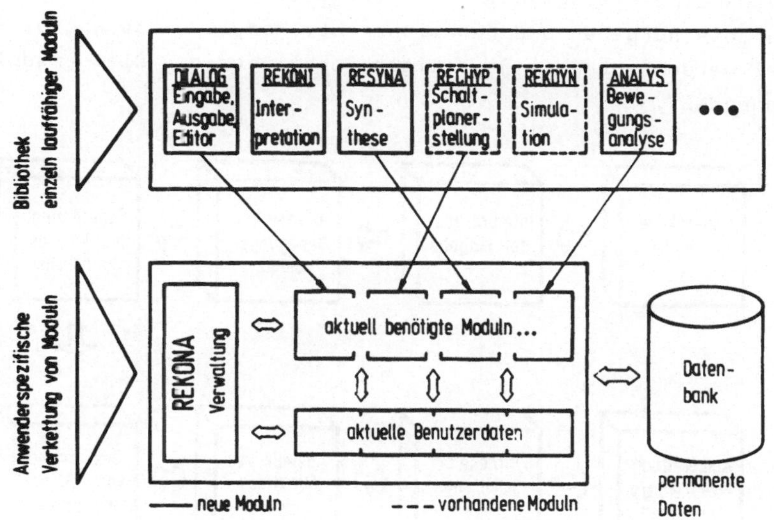

Bild 5.1: Modularer Aufbau von REKONA

Ein zentraler, dem Projektierungssystem zugeordneter Verwaltungsteil übernimmt die Verkettung der aktuell benötigten Moduln und die Datenorganisation. Dieser Verwaltungsteil ist dialogfähig ausgeführt, wodurch eine den Wünschen des Anwenders entsprechende Verkettung der Moduln ermöglicht wird.

5.2 Systemkomponenten zur rechneruntersützten Projektierung

Die wichtigsten im Rahmen dieser Arbeit entwickelten Komponenten des Projektierungssystems zeigt Bild 5.2 in logischer Reihenfolge. Nicht dargestellt sind die Komponenten, die zur Erstellung und Verwaltung der Auftragsdatei dienen und der zentrale Verwaltungsteil zur Programmkettung. Auf sie und die mit ihnen verbundenen Möglichkeiten zur Bildung eines integrierten Informationssystems zur Auftragsabwicklung wird in Kapitel 6 eingegangen.

Weiterhin ist der für die komfortable Handhabung des Systems notwendige Dialogmodul nicht dargestellt. Im folgenden wird auf die Aufgaben und Funktionen der Moduln eingegangen. Hierbei werden auch die jeweiligen Funktionen des Dialogmoduls behandelt.

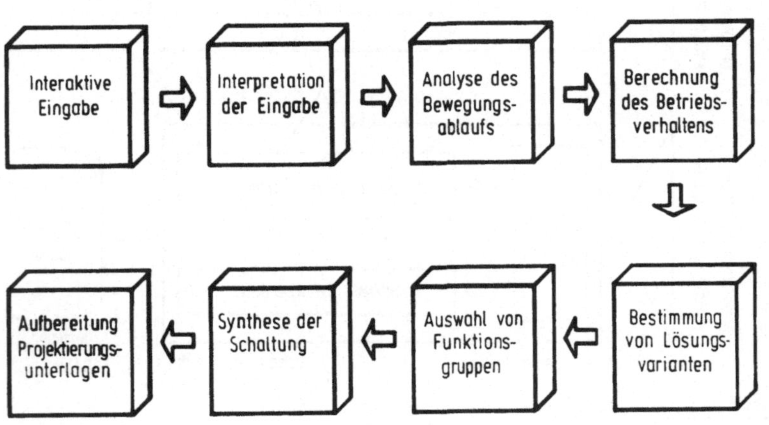

Bild 5.2: Komponenten des Projektierungssystems

5.2.1 Formulierung und Eingabe der Entwurfsaufgabe

Ausgehend vom Pflichtenheft der gewünschten Anlage hat der Anwender die Aufgabe, Eingabedaten für das Projektierungssystem zu erarbeiten. Form und Umfang der Eingabe sind so gewählt, daß eine über die herkömmliche Entwurfsarbeit hinausgehende Informationsaufbereitung und spezielle EDV-Kenntnisse nicht notwendig sind. Zwei alternative Eingabemöglichkeiten sind realisiert, die Eingabe am Dialoggerät mit Benutzerführung durch das System und die formatfreie Eingabe mittels einer problemorientierten Eingabesprache /28/.

Bei Formulierung der Entwurfsaufgabe wird jeder Einzelfunktion (z.B. Werkstückvorschub, Werkzeugklemmung, Spindelantrieb) eine Arbeitseinheit zugewiesen. Anschließend werden alle Teilbewegungen der Arbeitseinheiten (Hydraulikmotor, Zylinder) mit Hilfe der Bewegungsablaufdefinitionen beschrieben. Folgende Informationen über Bewegungsart und -ablauf sind einzugeben:

- Bewegungs- bzw. Drehrichtungen;
- auftretende Kräfte bzw. Momente;
- inkrementale bzw. absolute Wegstrecken;
- inkrementale bzw. absolute Zeit (-punkte).

In Bild 5.3 ist ein Beispiel eines derart erstellten Eingabeprogramms abgebildet.

```
***** E I N G A B E *****

RESYNA/FUNKTIONEN EINER TRANSFERSTATION
$$
REMARK/ARBEITSSPIEL
$$
ABLAUF=MOTION/SEQUEN.LINEAR.2.CIRCUL.1.PRESSR.50.0.$
EFFDEG.0.75.0.76.0.8
$$
REMARK/ARBEITSEINHEITEN
$$
      SPANN=CYLIND/CHUCK.INSDIM.80.63.5.44.5
      DREHT=MOTOR/FIX.VOLFLO.123
      STAT2L=CYLIND/DRIVE.INSDIM.630.100.70
$$
REMARK/TEILBEWEGUNGEN
$$
BEGIN
FWD/SPANN.LENGTH.80.TIME.1.INCR.FORCE.8000
FWD/DREHT.TIME.7.9.SPINDL.(60/((360/180)*2)).MOMENT.30
FWD/STAT2L.TIME.8.5.9.5.LENGTH.165.FORCE.8000
FWD/STAT2L.TIME.9.5.19.LENGTH.330.INCR.FORCE.16000
FWD/STAT2L.TIME.19.26.5.LENGTH.135.INCR.FORCE.16000
BACK/STAT2L.TIME.26.5.40.LENGTH.630.INCR.FORCE.800
BACK/DREHT.TIME.13.5.15.5.SPINDL.15.MOMENT.30
FWD /DREHT.TIME.15.5.19.5.SPINDL.15.MOMENT.30
BACK/SPANN.TIME.7.8.5.LENGTH.80.INCR.FORCE.8000
END
$$
REMARK/EINGABEENDE
$$
FINI
/*
```

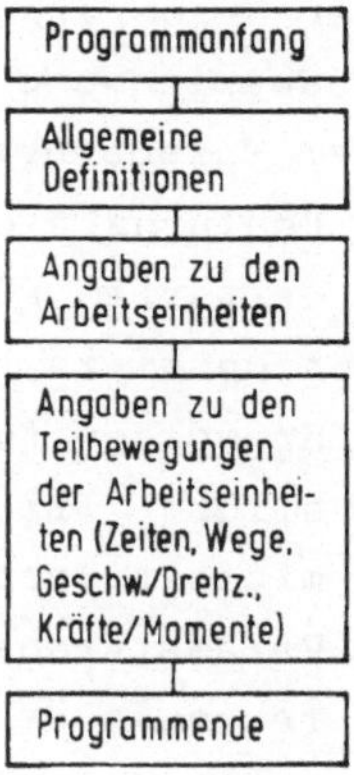

Bild 5.3: Eingabe zur rechnerunterstützten Projektierung

Ein Interpretationsmodul (REKONI) prüft die syntaktische Richtigkeit der Eingabeanweisungen und löst sie anschließend in die, den Sprachaussagen entsprechenden, rechnerinternen Darstellungen auf. Bereits in diesem Projektierungsstadium muß der Informationsbedarf des Anwenders berücksichtigt werden. Aus diesem Grund werden, neben ausführlichen, tabellarisch zusammengestellten Werten (Zeit, Weg, Geschwindigkeit, bzw. Drehzahl) zu den Einzelbewegungen ein automatisch gezeichnetes Funktionsdiagramm ausgegeben (Bild 5.4). Es wird vom Modul FUPLOT erstellt und ermöglicht eine schnelle, visuelle Kontrolle der Aufgabenstellung.

5.2.2 Bestimmung der Leistungsdaten hydrostatischer Anlagen

Für genaue Berechnungen zum Betriebsverhalten hydrostatischer Anlagen bedarf es der Kennwerte konkret vorliegender Geräte. Diese sind im Entwurfsstadium nicht gegeben. Andererseits haben die von einer hydrostatischen Anlage geforderten Leistungskennwerte maßgeblichen Einfluß auf das Ergebnis der Entwurfs- und Projektierungsphase. Aus diesem Grunde ist an Hand der Beschreibung der gewünschten Anlagenfunktionen eine Vorausberechnung dieser Leistungskennwerte durchzuführen. Ziele der Vorausberechnung sind:

- fehlerhaft eingegebene Werte zu erkennen;
- Kriterien für die anschließende Auswahl der Funktionsgruppen zu finden;
- Grundlage für eine Grobdimensionierung der Anlage zu bilden, mit der überschlägig die Kosten der Anlage ermittelt werden können (Angebotserstellung);
- Parameterabschätzung für die anschließende genaue Berechnung des stationären bzw. dynamischen Betriebsverhaltens der Anlage.

Grundlagen der Berechnungsverfahren sind das Pascalsche Gesetz, die Kontinuitätsgleichung und die Bernoullische Gleichung. Für den Leistungsbedarf gelten folgende Formeln:

lineare Bewegung

$$P_g = \frac{d}{dt} \quad (F \cdot h)$$

rotatorische Bewegung

$$P_g = \frac{d}{dt} \quad (M \cdot \varphi)$$

FUNKTIONSDIAGRAMM

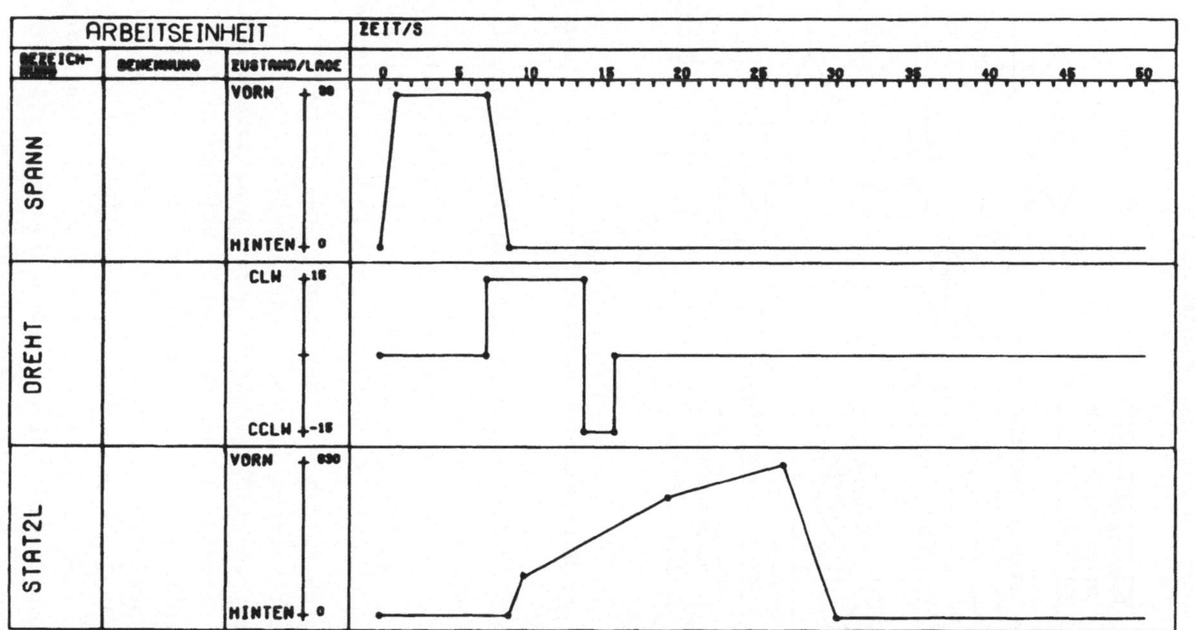

CLW (clock-wise): im Uhrzeigersinn CCLW (counter-clock-wise): im Gegenuhrzeigersinn

<u>Bild 5.4:</u> Plotterzeichnung des Funktionsdiagramms

Bild 5.5 zeigt den logischen Ablauf der Vorausberechnung, wie sie im Modul BERECH realisiert ist.

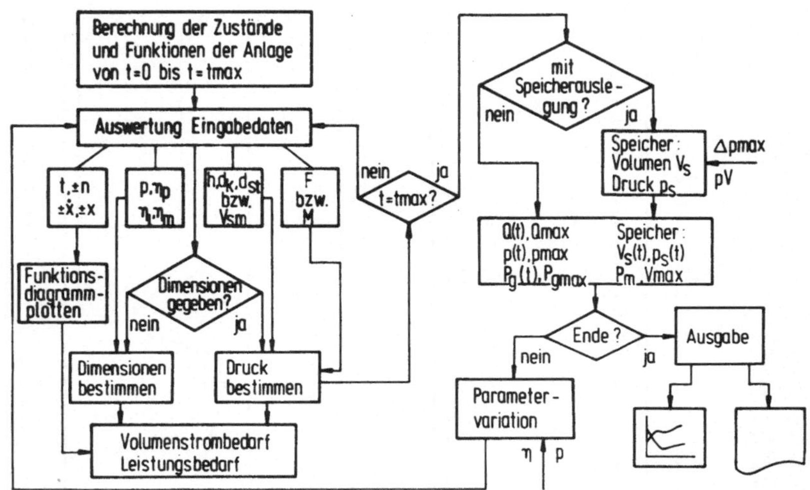

<u>Bild 5.5</u>: Berechnungen zum Betriebsverhalten (Modul BERECH)

Verluste im System werden durch drei Wirkungsgradangaben beschrieben:

η_l für Leitungs- und Verzweigungsverluste

η_p für Verluste bei Energiewandlung (Pumpe)

η_m für Verluste bei Energiewandlung (Motor)

Entsprechend den Anforderungen an das Projektierungssystem sind die Berechnungen durch interaktive Eingriffe zu beeinflussen, um ein im Hinblick auf die Aufgabenstellung optimales Ergebnis zu gewährleisten. Mit den in BERECH realisierten Eingriffen ist es möglich:

- bei geeignetem Kolbenflächenverhältnis einen Differentialzylinder mit Umströmung zu wählen und zu berechnen;
- eine Speicherauslegung durchzuführen, wobei Vorspanndruck und Δp im Speicher anzugeben sind;
- Eilgang- und Arbeitsgangdrücke zu ändern;
- die Berechnungen mit neuen Werten (p, η) und oben genannten Änderungsmöglichkeiten zu wiederholen.

5.2.3 Bestimmung der Funktionsgruppen einer hydrostatischen Anlage

Die rechentechnische Realisierung der in Kapitel 3.3 dargestellten Möglichkeiten der Lösungsbestimmung bei hydrostatischen Anlagen ist gegliedert in:

- Analyse und Klassifizierung der geforderten Bewegungsabläufe;
- Bestimmung und Ausgabe der der Klassifizierung entsprechenden Varianten aus einem gegebenen Vorrat an hydraulischen Strukturen;
- Auswahl einer Variante durch den Benutzer.

Ziel ist es, im Hinblick auf die Gesamtaufgabe der Hydraulikanlage (entsprechend den Teilfunktionen) günstige Teillösungen zu erhalten.Hierzu benötigt der Benutzer Auswahlkriterien. Um diese zu finden, bieten die realisierten Programmfunktionen umfassende Informationen zur Aufgabenstellung und den sich ergebenden Eigenheiten der projektierten Anlage.

5.2.3.1 Analyse und Klassifizierung der Teilfunktionen einer Gesamtanlage

Aus den im Eingabeprogramm in beliebiger Reihenfolge zusammengestellten Teilbewegungen der Arbeitseinheiten werden vom Modul ANALYS die Einzelfunktionen der Anlage abgeleitet. Gemäß den in Kapitel 3.3 erläuterten Verfahren sind die entsprechenden Grundfunktionen zu ermitteln.Voraussetzung hierfür ist die Abbildung der Teilfunktion in einen Zustandsgraphen. Diese Abbildung und die Klassifizierung des Graphens an Hand der Rand-, Bewegungs- und Verweilzustände ist durch den Modul ANALYS realisiert. In Bild 5.6 sind die Bewegungszustände und die klassifizierten Typen als Teil der Rechnerausgabe dargestellt.

Für das Ergebnis der rechnerunterstützten Projektierung ist neben der Klassifizierung der Einzelfunktionen - dies führt

*****GESAMTFUNKTION*****

BEZ.	FUNKTION	BEWEGUNGSZUSTAND			FUNKTIONSGRUPPEN	KONSTRUKTIONSPARAMETER	BEMERKUNGEN
		TYP	POS	NEG			
SNZ	SPANNZYLINDER	L1	1	1	ANZ.MOEGL.VARIANTEN 3 1111033 1111037 1111031	KOLBENFLAECHENVERHAELTNIS 6.667 KOLBENHUB 100.0 MM	MIT DRUCKHALTUNG
VBZ	DIFFERENTIALZYL.	L1	2	1	ANZ.MOEGL.VARIANTEN 8 2122042 2122041 2123042 2123041 2124422 2124421 2124462 2124461	KOLBENFLAECHENVERHAELNIS 1.882 KOLBENHUB 400.0 MM	BEACHTEN WZZ (P) BEACHTEN HYMOT (Q) MIT UMSTROEMUNG
HYMOT	HYDROMOTOR	R2	2	1	ANZ.MOEGL.VARIANTEN 2 3165212 3155214	DREHZAHLBEREICH -150.BIS 112. 1/MIN SCHLUCKVOLUMEN 387.7 CM**3	BEACHTEN WZZ (P BEACHTEN VBZ (Q
WZZ	VORSCHUBZYLINDER	L2	2	2	ANZ.MOEGL.VARIANTEN 1 2164451	KOLBENFLAECHENVERHAELTNIS 4.922 KOLBENHUB 200.0 MM	BEACHTEN VBZ (P) BEACHTEN HYMOT (P)
	ENERGIEVERS.	E2			ANZ.MOEGL.VARIANTEN 6 4207006 4209009 4207007 4209008 4207002 4207003	MAX. LEISTUNGSAUFNAHME = 2.90 KW MAX. VOLUMENSTROM = 64.84 L/MIN DRUCK BEI ARBEITSVORSCHUB = 75.00 BAR MAX. DRUCK BEI EILVORSCHUB= 20.00 BAR	PUMPENKOMBINATION

L1=LINEAR OHNE ZWISCHENHALT
L2=LINEAR MIT ZWISCHENHALT
R2=ROTATORISCH MIT ZWISCHENHALT
E2=ENERGETISCH MIT 2 ENERGIENIVEAUS

Bild 5.6: Informationen zur Gesamtfunktion (Modul ANALYS)

zur Festlegung der Arbeitseinheiten - auch die Bestimmung der notwendigen Energieversorgungseinheit von Bedeutung. Aufgabe ist es, zu erfassen, ob für die Gesamtfunktion der Anlage mehrere Energieniveaus und/oder eine Speicherstation zur Anwendung kommen soll. Hierzu sind im Modul ANALYS die aus den Bewegungsabläufen ermittelten Daten zusammen mit den vom Modul BERECH erstellten Daten zu verarbeiten.

Nach der Charakterisierung der Grundfunktionen sind die dem geforderten Typ entsprechenden Varianten auszugeben. Sie sind in der Funktionsgruppendatei abgelegt und durch 7-stellige Kennziffern (siehe Kapitel 5.3) aufrufbar. Bestimmend für eine Variante ist die jeweilige Kombination der Energieversorgungseinheit mit der Arbeitseinheit. Enthält die gemeinsame Energieversorgungseinheit z.B. eine Eilgangversorgung, so werden für Arbeitseinheiten, die Eilgang benötigen, auch Varianten ausgegeben, die vom strukturellen Aufbau normalerweise nur das Fahren im Arbeitsgang erlauben. Weiterhin liefert der Modul ANALYS anforderungsgemäß Informationen zu konstruktiven Eigenheiten der Gesamtanlage. Fallen z.B. Teilfunktionen mehrerer Arbeitseinheiten in das gleiche Zeitintervall, so werden eventuelle Unverträglichkeiten angezeigt.(z.B. in Bild 5.6: VBZ Eilgang und WZZ Arbeitsgang; Unverträglichkeit bei Druckniveau).

5.2.3.2 Auswahl von alternativen Funktionsgruppen

Im Rahmen der durch den Baukastenansatz gegebenen Kombinationsmöglichkeiten ergibt sich eine Lösungsvielfalt, aus der eine optimale Lösung ausgewählt werden muß. Für eine derartige Optimierung sind Verfahren (z.B. nach /29/) bekannt, die für einen automatischen Ablauf der Auswahl geeignet sind. Jedoch ist die Einführung einer objektiven Bewertung (mit Zwischenzielgrößen, Gewichtung, Ertrags- und Wertfunktionen) zur Auswahl der Funktionsgruppenvarianten sehr aufwendig. Zumeist sind die Eigenschaften der Varianten zu wenig straff ausgebildet und nicht durch quantitative Angaben zu formulieren. Auch können sich die jeweiligen Zielgrößen (Wertigkeiten) der Einzelfunktionen einer hydrostatischen Anlage stark unterscheiden, so daß sich die Bildung eines zutreffenden Gesamtnutzwertes meist schwierig gestaltet.

Deshalb wurde, auch im Hinblick auf eine benutzerunabhängige Gestaltung des Projektierungssystems auf die Einführung von Bewertungsmethoden verzichtet und mittels einer Dialogschnittstelle - mit graphischer Ausgabe (Bild 5.7) - eine Auswahl durch den projektierenden Konstrukteur vorgesehen. Damit kann durch das Einbringen von Kriterien, die nicht durch errechenbare Werte oder voraussehbares Verhalten zu ermitteln sind, eine den Einsatzbedingungen angepaßte Anlage projektiert werden. Die Kreativität des Konstrukteurs ist mit einbezogen, es unterbleibt eine unbeabsichtigte Standardisierung der Entwurfsergebnisse.

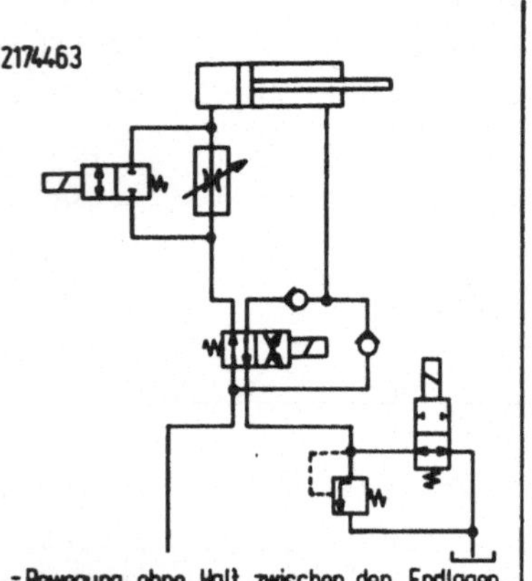

- Bewegung ohne Halt zwischen den Endlagen
- elektro-hydraulische Umschaltung für die Geschwindigkeitssteuerung
- Gegenhalt zuschaltbar

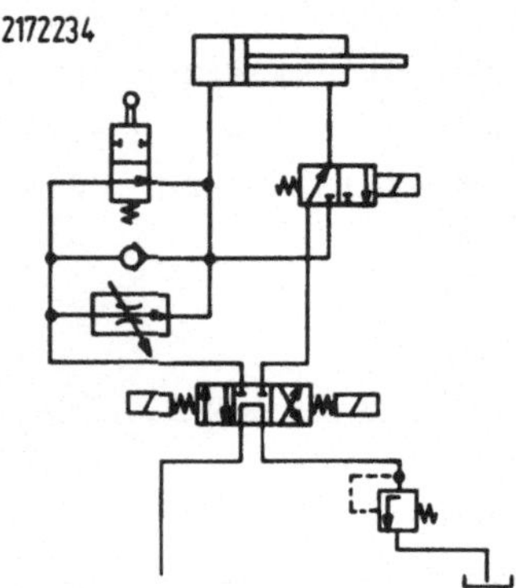

- Bewegung mit Zwischenhalt
- mechanisch-hydraulische Umschaltung für die Geschwindigkeitssteuerung
- mit Gegenhaltung

Bild 5.7: Vergleich von Funktionsgruppenvarianten

Der jeweilige strukturelle Aufbau einer Funktionsgruppenvariante ist maßgeblich für Kosten und Qualität einer Teilfunktion. Der Einsatz eines graphischen Dialoggerätes bietet sich an, denn visuelle Methoden machen Gebrauch von der besonderen Fähigkeit des Menschen, optische Informationen simultan zu verarbeiten. Bei der Auswahl der Funktionsgruppen (Bild 5.7) sind Entscheidungen zu:

- Anfahrverhalten, Einfahrverhalten
- Bewegungstreue, Kraftkonstanz
- Funktions- und Betriebssicherheit
- Wirtschaftlichkeit

für den erfahrenen Konstrukteur an Hand der graphischen Darstellung der Funktionsgruppenvarianten einfach zu treffen. Nach dem Vergleich mit den Anforderungen wählt er eine entsprechende Variante aus.

5.2.4 Rechnerunterstützte Synthese hydrostatischer Anlagen

5.2.4.1 Aufbau des Moduls RESYNA

Der Modul RESYNA ist das Ergebnis der Umsetzung der im Syntheseverfahren dargestellten Modellgedanken und Algorithmen bei weitgehender Berücksichtigung der geforderten Benutzerfreundlichkeit. Zur Realisierung wurden Verfahren angewandt, die dem Einsatz auf den MDT-Rechnern angepaßt sind. Von besonderer Bedeutung ist hierbei die Art der Abspeicherung der Hydrauliknetzdaten. Wie in Kapitel 4.1.3 gezeigt wurde, liegen die für den Aufbau des Hydrauliknetzes wichtigen Modellkomponenten bereits in rechnergerechter Form vor. Die Knotenmatrix - zentraler Bestandteil der zugrundeliegenden Methode - ist üblicherweise eine dünn besetzte Matrix. Hieraus ergibt sich die Forderung nach einem effizienten Speicherungsverfahren. Wichtig ist hierbei die vom Syntheseverfahren bedingte Adressierbarkeit aller Matrixplätze. Grundsätzliche Vorgehensweise ist die Auflösung der Matrix in einzelne Listen bzw. Felder. Bekannte Verfahren (z.B.

nach /30/) sind das Abspeichern der einzelnen Matrixelemente bzw. der Zeilen und Spalten der Matrix (Bild 5.8, oben). Da in der reduzierten Knotenmatrix nur zwei(benachbarte) Knoten je Zeile auftreten können, ist für die vorliegende Anwendung die Abspeicherung in Form einer zweidimensionalen indexsequentiellen Liste (Nachbarschaftsliste) mit einer zusätzlichen Verwaltungsliste am günstigsten (Bild 5.8, unten).

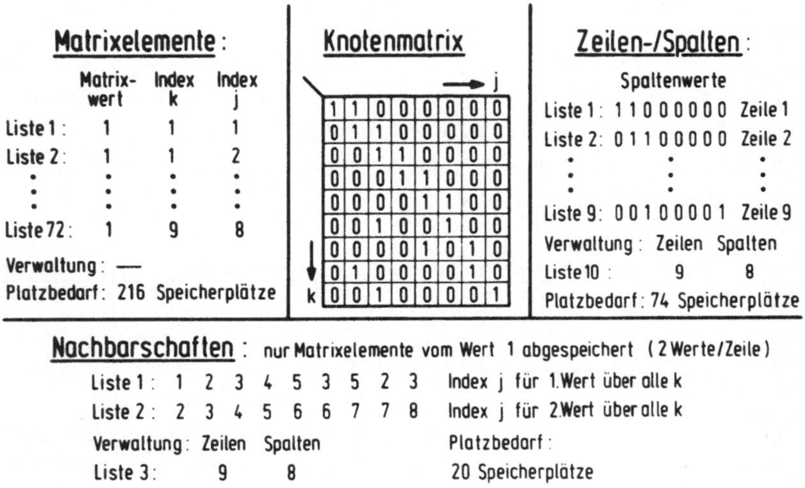

Matrixelemente:

	Matrix-wert	Index k	Index j
Liste 1:	1	1	1
Liste 2:	1	1	2
⋮	⋮	⋮	⋮
Liste 72:	1	9	8

Verwaltung: —

Platzbedarf: 216 Speicherplätze

Knotenmatrix (Zeilen k ↓, Spalten j →)

1	1	0	0	0	0	0	0
0	1	1	0	0	0	0	0
0	0	1	1	0	0	0	0
0	0	0	1	1	0	0	0
0	0	0	0	1	1	0	0
0	0	1	0	0	1	0	0
0	0	0	0	1	0	1	0
0	1	0	0	0	0	1	0
0	0	1	0	0	0	0	1

Zeilen-/Spalten:

	Spaltenwerte	
Liste 1:	1 1 0 0 0 0 0 0	Zeile 1
Liste 2:	0 1 1 0 0 0 0 0	Zeile 2
⋮	⋮	⋮
Liste 9:	0 0 1 0 0 0 0 1	Zeile 9

Verwaltung:	Zeilen	Spalten
Liste 10:	9	8

Platzbedarf: 74 Speicherplätze

Nachbarschaften: nur Matrixelemente vom Wert 1 abgespeichert (2 Werte/Zeile)

Liste 1:	1	2	3	4	5	3	5	2	3	Index j für 1.Wert über alle k
Liste 2:	2	3	4	5	6	6	7	7	8	Index j für 2.Wert über alle k

Verwaltung:	Zeilen	Spalten
Liste 3:	9	8

Platzbedarf: 20 Speicherplätze

Bild 5.8: Speicherverfahren für Matrixelemente

In Bild 5.9 ist der Zusammenhang zwischen den bisher behandelten Funktionen des Projektierungssystem (Kapitel 5.2.1 bis 5.2.3) und dem Modul RESYNA dargestellt. Die Aufgliederung der bereitgestellten Daten in die Baueinheiten-, Funktionsgruppen-, Ventil- und Makroverweisdatei (Zuordnung Baueinheiten zu Zeichenmakros) dient der Erhöhung der Flexibilität des Projektierungssystems. Durch Ändern dieses Datenbestandes sind betriebsspezifische Anpassungen ohne Änderung der Modell- bzw. Rechenalgorithmen möglich. Die in den Dateien abgelegten Informationen sind produkt- und problemunabhängig, sie kennzeichnen jedoch die Möglichkeiten des anwendenden Unternehmens, das mit diesen Daten die betriebsspezifische Problemlösung erstellt.

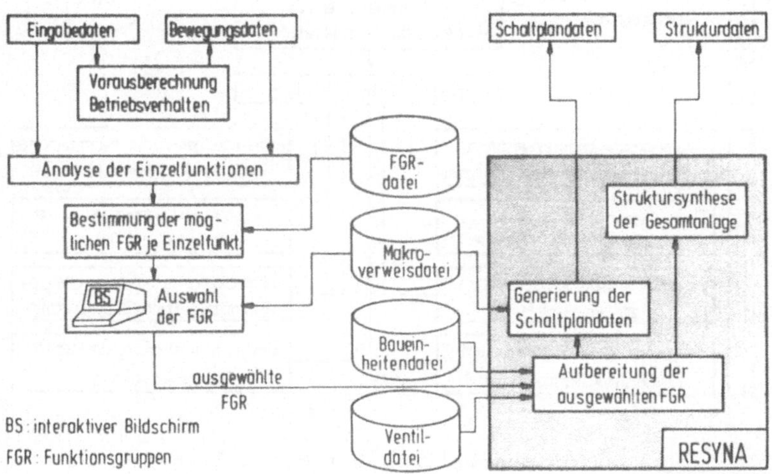

Bild 5.9: Einordnung und Funktionen von RESYNA

Ausgehend von einer Datenschnittstelle (Kapitel 6.2), in der die generierten Hydrauliknetzdaten in rechnerinterner Darstellung abgelegt sind, ist ein durchgängiger Datenfluß zu weiteren Systemfunktionen bzw. Betriebsbereichen möglich (Bild 5.10) .

5.2.4.2 Dateien zur Synthese von Funktionsgruppen

Der zur Realisierung des Syntheseverfahrens notwendige permanente Datenbestand ist wie folgt aufgegliedert:

- die Baueinheitendatei enthält Baugruppen und Grundstrukturen in der Darstellung als Modellkomponenten.
- Die Ventildatei enthält die Daten aller Ventile, die als richtungssteuerndes Ventil eingesetzt werden können.
- Die Funktionsgruppendatei enthält Verweise auf alle für das Syntheseverfahren notwendigen Eingangsinformationen (Kapitel 4.2.2).

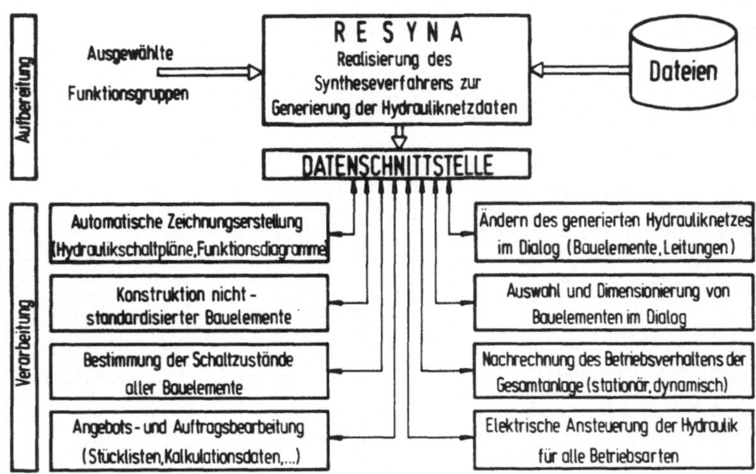

Bild 5.10: Weiterverarbeitung der Hydrauliknetzdaten

In Bild 5.11 ist der Aufbau eines Satzes der Funktionsgruppendatei dargestellt. Die Reihenfolge der unter der 7-stel-

Funktionsgruppennummer					Benötigte Baueinheiten				
					Nummer der Grundstruktur	Baugruppennummer	Baugruppennummer	Baugruppennummer	Baugruppennummer
Funktion	Bewegungsart	Antriebsglied	Stellglied (Ventil)	Variante	GS	α	δ	γ	β
2	27	4	21	3	240	0	34	0	15
Vorschub	2 Geschwindigkeiten vorwärts 1 Geschwindigkeit rückwärts Zwischenhalt möglich	Zylinder mit Umströmung	4/3 Wegeventil	0...9 Varianten	Grundstruktur 240 mit Wegeventil 21	Leitung	Geschwindigkeitssteuerung	Leitung	Drucksteuerung (Gegenhalt)

Bild 5.11: Funktionsgruppendatei: Codierung und Aufbau

ligen Funktionsgruppencodierung abgelegten Baueinheitenkennziffern entspricht der Reihenfolge der Erweiterungsorte (α , δ , γ , β)der Grundstruktur (GS).

Die Kennung für das richtungssteuernde Ventil ist Bestandteil der FGR-Codierung. Unter dieser Kennung sind die Bauelementdaten in der Ventildatei gespeichert. In der Baueinheitendatei befindet sich der zu verwendende Vorrat an Hydraulikstrukturen. Im Hinblick auf eine anwenderfreundliche Anpassung an betriebsspezifische Gegebenheiten wurde bei der Systementwicklung darauf geachtet, daß die Generierung der Baueinheitendatei einfach und komfortabel ist. Demzufolge wird zur Beschreibung der abzuspeichernden Strukturen ebenfalls die formatfreie Eingabesprache des PPS REKONA angewendet.

Bild 5.12 zeigt diese Beschreibungsform für Baueinheiten am Beispiel der in Bild 4.15 verwendeten Modellkomponenten (Aufbau eines Verkettungssystems mit dem Syntheseverfahren). Die Verarbeitung der Baueinheiten zu Modellkomponenten ist durch Algorithmen realisiert (vgl. 4.2.1 ff) und wird vom Verarbeitungsprogramm übernommen.

5.2.5 Rechnerunterstützte Erstellung von Projektierungsunterlagen

Projektierungsunterlagen sind bei hydrostatischen Anlagen neben den Berechnungsergebnissen, den von der Aufgabenstellung her bekannten Lageskizzen und den von der Fertigungsvorbereitung zu erstellenden Montageplänen, vor allem in Form von Teil- und Gesamtschaltplänen und als Geräte- bzw. Stücklisten aufzubereiten. Grundlage zu letzteren bilden bei der rechnerunterstützten Bearbeitung die vom Synthesemodul generierten Strukturdaten.

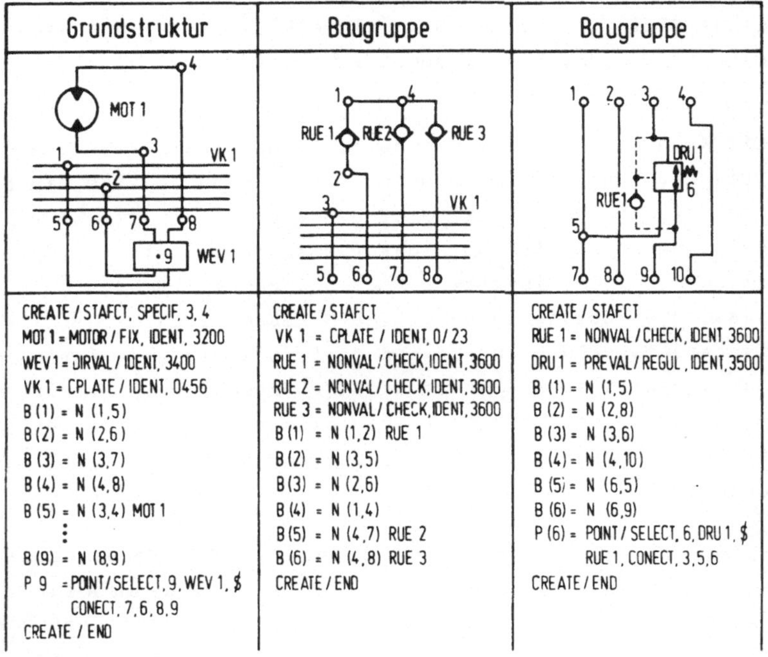

Bild 5.12: Beschreibung von Baueinheiten am Beispiel eines Verkettungssystems

5.2.5.1 Rechnerunterstützte Erstellung von Hydraulikschaltplänen auf der Basis der Funktionsgruppen

Mit dem zum REKONA-System gehörenden Modul RECHYP (Kapitel 2.4) kann ausgehend von den Schaltplandaten (aus den Strukturdaten herzuleitende topologische Beziehungen im Hydrauliknetz) ein Hydraulikschaltplan erstellt werden. Interaktive Eingriffe in diesen Gesamtschaltplan sind möglich, um etwa Schaltzeichen anders anzuordnen (Zeichnungsänderung) oder um Schaltzeichen einzufügen bzw. zu löschen (Strukturänderung).

Bei der Anwendung des Projektierungssystems sind die einzelnen Funktionsgruppen bereits zur Auswahl graphisch darzustellen.

Zu diesem Zeitpunkt ist noch keine Hydraulikstruktur aufgebaut (das Syntheseverfahren wird nur auf die ausgewählten FGR angewandt). Zudem ist ein Zugriff auf einzelne Schaltzeichen nicht erforderlich (keine Änderungen in diesem Projektierungsstadium). Aus diesen Gründen wurde im Rahmen dieser Arbeit eine modifizierte, für Teilschaltpläne (Funktionsgruppen) und Gesamtschaltpläne gleichermaßen geeignete Vorgehensweise entwickelt. Grundgedanke ist es, die Schaltplandaten über vorab gespeicherte Zeichenmakros /10/ aktuell zu generieren. Basis ist die Funktionsgruppe, die ein festes Anordnungsraster bildet, in welches diese Zeichenmakros eingesetzt werden. Durch dieses Verfahren wird gewährleistet, daß von der Funktion her zusammengehörende Schaltplanelemente auch in der Zeichnung entsprechend angeordnet sind (Bild 5.13). Als sinnvoll erweist es sich hier, die Baueinheiten des Syntheseverfahrens als Zeichenmakrovorrat zu verwenden. Der Gesamtschaltplan, dessen Grundraster ebenfalls festliegt, wird aus derart aufgebauten Funktionsgruppen zusammengesetzt. In Bild 5.14 sind die Raster von Funktionsgruppe und Gesamtschaltplan, nach denen die Plotterzeichnung von Bild 5.13 realisiert ist, gezeigt. Durch Änderung der verwendeten Grundraster und des Zeichenmakrovorrats lassen sich betriebsspezifische Anpassungen durchführen.

Der Bezug zwischen Baueinheit und Zeichnungselement(Makro) ist durch eine Verweisdatei herzustellen. Anforderungsgemäß übernimmt der Modul PLAENE für die graphische Darstellung der Funktionsgruppen und Gesamtschaltpläne die Generierung der Schaltplandaten. Er wurde im Rahmen des vorgestellten Projektierungssystems entwickelt und ermöglicht (auf der Grundlage des in Bild 5.14 gezeigten Rasters) die Darstellung von drei Schaltplanformaten (DIN A4 hoch, DIN A3 quer, Längsformat DIN A4 hoch).

Entsprechend dem jeweiligen Projektierungsstadium (Auswahl von FGR bzw. Schaltplangenerierung) werden, ausgehend vom Aufruf der Funktionsgruppen (Einzelaufruf bzw. Aufruffolge) die Schaltplandaten generiert. Mittels einer Datenschnitt-

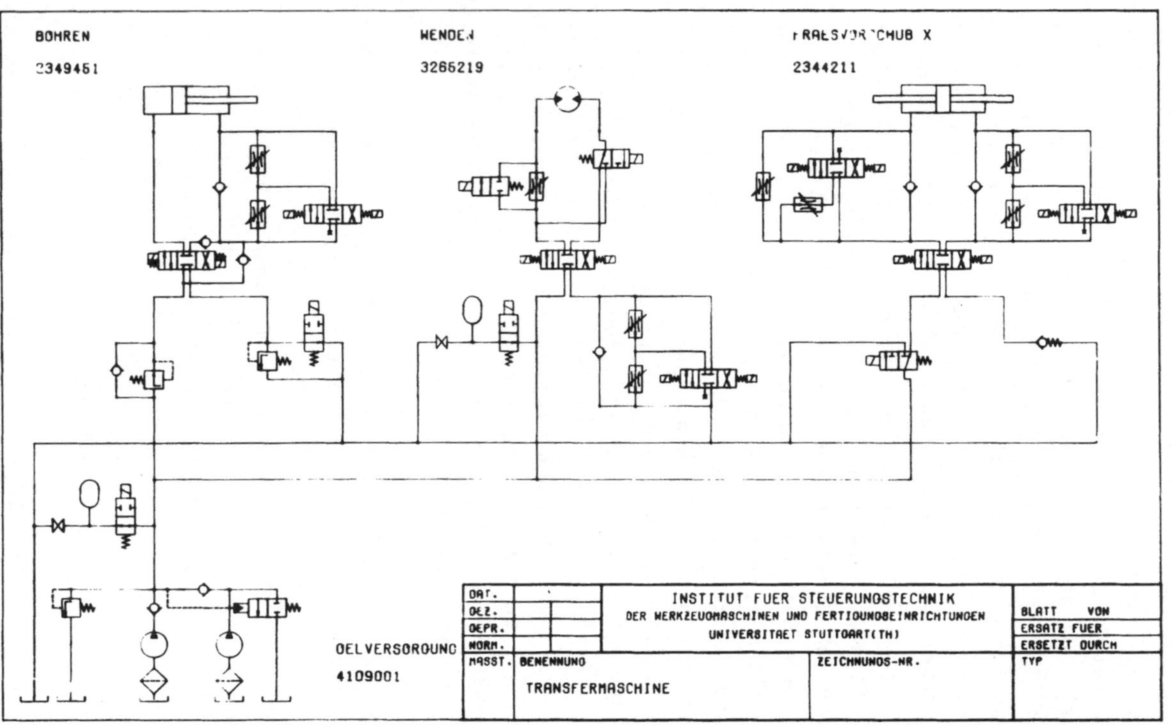

Bild 5.13: Aus Funktionsgruppen aufgebauter Gesamtschaltplan(Plotterzeichnung)

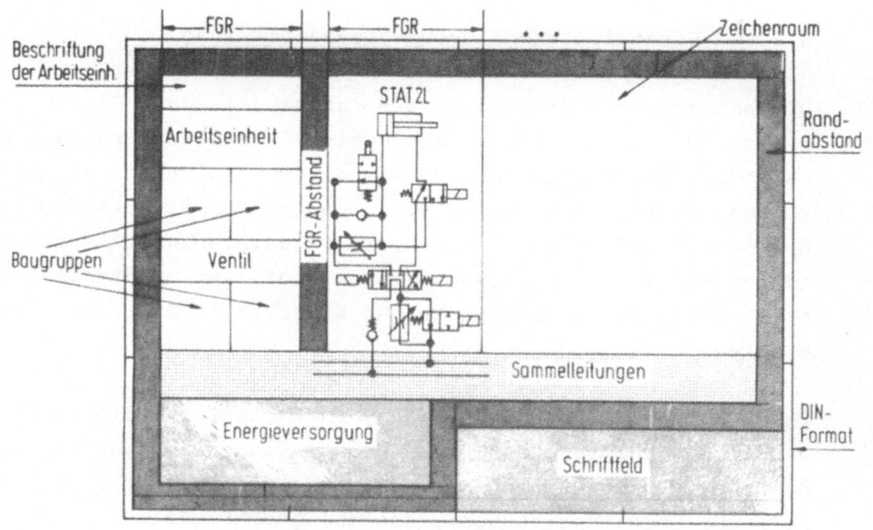

Bild 5.14: Funktionsgruppen und Schaltplanraster

stelle (Kapitel 6.2) erfolgt die Weitergabe an den Zeichnungsmodul RECHYP, über den dann die automatisch erstellte Plotterzeichnung ausgegeben wird (Bild 5.15).

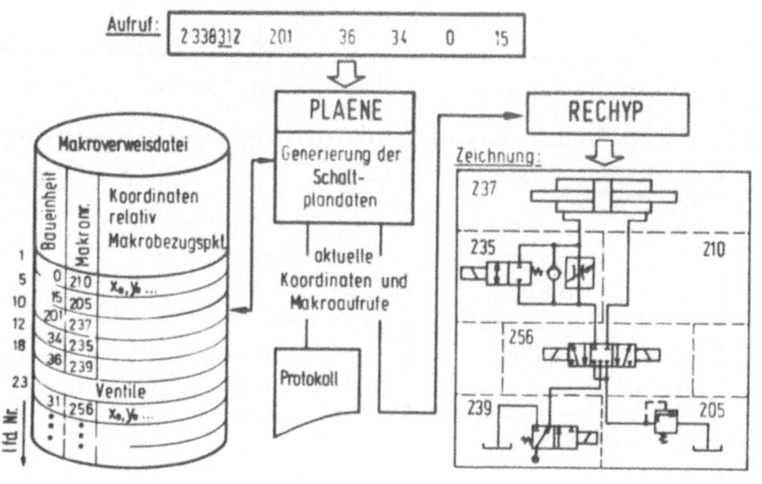

Bild 5.15: Generierung von Schaltplandaten (Modul PLAENE)

5.2.5.2 Geräteliste und Gerätedimensionierung

Die entsprechend dem Syntheseverfahren vom Modul RESYNA generierte, den Strukturdaten zugehörige Geräteliste enthält die Daten zur Identifizierung der Bauelemente einer projektierten Anlage. Diese Daten wurden vom Benutzer bei der Beschreibung der Modellkomponenten (Bild 5.12) in betriebspezifischer Form in das Projektierungssystem eingebracht. Der Informationsgehält dieser Daten wird in der Geräteliste (Bild 5.16) dokumentiert.

Es sind hierbei nur die Gerätetypen festgelegt. Die Auswahl und Dimensionierung der Einzelgeräte ist üblicherweise stark von zusätzlichen Bedingungen der Aufgabenstellung (z.B. Einbauraum, Umweltbedingungen, Kosten) beeinflußt. Diese Kriterien können sich zudem für einzelne Anlagenteile unterschiedlich gestalten. Damit ist die prinzipiell vorhandene Möglichkeit, die automatische Auswahl und Dimensionierung an Hand der vom Modul BERECH gelieferten Daten (Volumenstrom- und Druckbereich) für das Projektierungssystem nicht mehr sinnvoll zu lösen.

GERAETELISTE

ANZ-ZAHL	EINBAUORT	BENENNUNG	GERAETE-GRUPPE	BEZEICHNUNG (LFD.NR.)	BEMERKUNG
	4109005 AGGREGAT				PUMPE MIT SPEICHERSTATION
1	B 4	4/3 - WEGEVENTIL	3440	WEV-0 (1)	
1	B 4	DRUCKVENTIL	3700	DRU-1 (2)	
1	B 2	BEHAELTER	3020	BEH-2 (3)	
1	B 1	SPERRVENTIL	3600	RUE-3 (4)	
1	B 1	BEHAELTER	3020	BEH-4 (5)	
	B 1	BEHAELTER	3020	BEH-5 (6)	

Bild 5.16: Identifikation der Bauelemente

Interaktive Eingabemöglichkeiten schaffen hier die Voraussetzung zur Erfassung zusätzlicher Auswahlkriterien.
Zur Auswahl muß auf die REKONA-Datenbank zugegriffen werden. Sie enthält das anwenderspezifische Bauelementspektrum.
Neben den konstruktiven Daten ist dies vor allem die zum Stücklistenaufbau notwendige Teileverschlüsselung. Wird letztere in die Geräteliste aufgenommen, so ist die Funktionsstückliste (nach FGR geordnet) als weitere Projektierungsunterlage erstellt.

5.3 Anpassung der Projektierungsergebnisse an die Aufgabenstellung

Die Nutzungsmöglichkeiten einer problemorientierten Programmentwicklung sind umso größer, je einfacher die Anpassung an die speziellen Belange einzelner Unternehmen ist. Im Projektierungssystem sind hierfür zwei generelle Anpassungsmöglichkeiten gegeben. Es ist dies einerseits die Anpassung durch den abgespeicherten Datenbestand; kennzeichnend ist hier

- die komfortable Beschreibung der anwenderspezifischen Modellkomponenten (z.B. auch spezieller Strukturen gemäß Kapitel 4.3.2.1 und 4.3.2.2).
- Die Aufteilung des Datenbestandes in voneinander unabhängige Bereiche.

Andererseits die Anpassung durch interaktive Eingriffe. Maßgebende Möglichkeiten sind vorhanden:

- bei der Berechnung des Betriebsverhaltens,
- bei der Auswahl der Funktionsgruppen,
- beim Zugriff auf die REKONA-Datenbank
- mit dem Aufbau komplexer Funktionsgruppen gemäß Kapitel 4.3.2.3,
- durch Veränderung der generierten Struktur an Hand graphischer Eingriffe.

Weiterhin ist durch den in Kapitel 6 dargestellten Systemaufbau eine problemlose Wiederholung einzelner Projektierungsschritte möglich, wodurch eine dem Konkretisierungsgrad der Anlage entsprechende Anpassung durchgeführt werden kann.

6 Einsatz des Projektierungssystems im Unternehmen

Die Programmentwicklungen zu dem in dieser Arbeit vorgestellten CAD-System wurden im Rahmen des 2. und 3. DV-Programm der Bundesregierung durchgeführt. Es war das Bestreben der fördernden Institution (BMFT) in den einzelnen Förderschwerpunkten - hier dem Werkzeugmaschinenbau - Programmentwicklungen mit bereichsüberschreitenden Nutzungsmöglichkeiten entstehen zu lassen /8/. Unter diesem Gesichtspunkt wurden Voruntersuchungen anläßlich der Implementierung des Projektierungssystems bei einem mittelständischen Unternehmen durchgeführt /31/.

Ein CAD-System zur Projektierung hydrostatischer Anlagen kann für ein Unternehmen der Hydraulikindustrie den Ausgangspunkt für ein integriertes Gesamtsystem zur Auftragsabwicklung bilden. Durch die Anwendung des Baukastenprinzips ist der vorgelagerte Bereich der Produktplanung bei diesen Unternehmen üblicherweise nicht zu den Auftragsabwicklungsbereichen zu zählen. In Bild 6.1 ist der Aufbau eines Systems zur integrierten Auftragsabwicklung hydrostatischer Anlagen gezeigt.

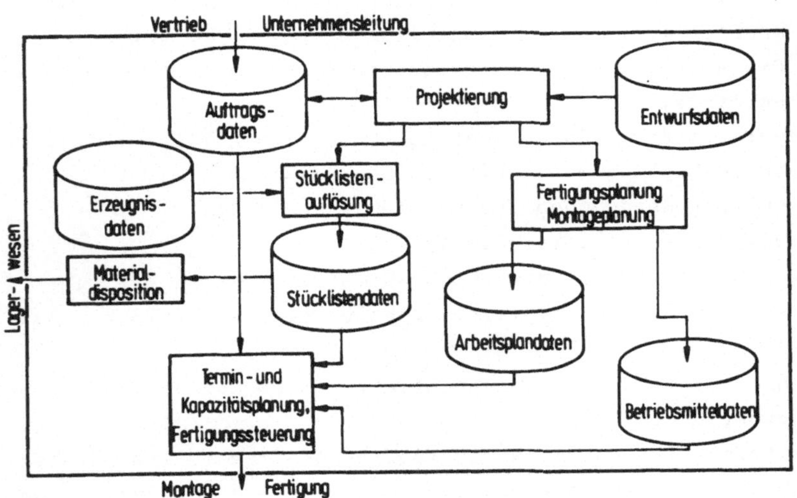

Bild 6.1: Komponenten intergrierter Auftragsabwicklung

Das Projektierungssystem bildet hier zusammen mit weiteren Komponenten eine Grundausbaustufe. Indem der Anwender Lösungen einsetzt, die der Unternehmensstruktur angepaßt und auf dem vorhandenen EDV-System verfügbar sind, ist das Systemkonzept für den jeweiligen Einsatzfall realisierbar. Um das angestrebte Gesamtsystem den Bedürfnissen möglichst vieler Anwender anzupassen, ist - vor allem unter Maßgabe einer schrittweisen Integration - Aufbau und Handhabung der Einzelsysteme von ausschlaggebender Bedeutung. Die zu erwartende Anzahl der integrierbaren Komponenten ist gering. Deshalb und auch aus organisatorischen Gründen (Entwicklung und Einführung der Teilsysteme ist unabhängig voneinander und vom Gesamtsystem) empfiehlt es sich eine Verkettung auf der Ebene von Dateien /36,37/ durchzuführen.

6.1 Das Projektierungssystem als Komponente integrierter Auftragsabwicklung

Bild 6.2 zeigt die wichtigsten auf das Projektierungssystem (als Teilsystem eines Gesamtsystems) einwirkenden Faktoren.

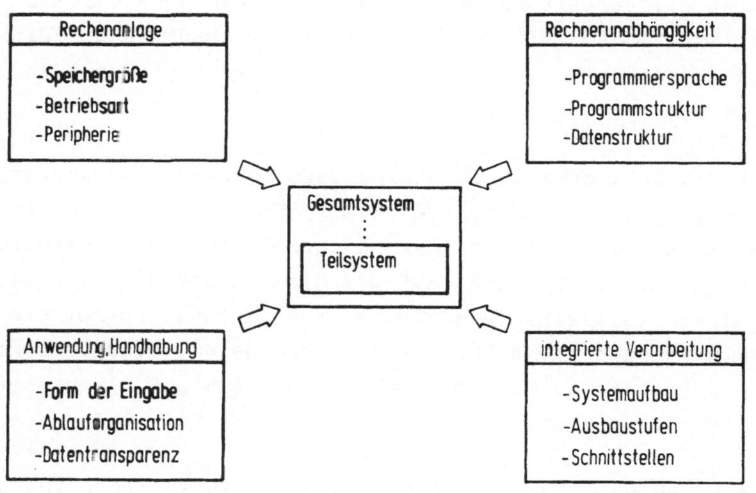

Bild 6.2: Beeinflussung der Systementwicklung

Für die Entwicklung des Projektierungssystems war die Forderung nach Möglichkeiten zur Handhabung von eingegebenen, abgespeicherten und generierten Daten von entscheidendem Einfluß. Gerade bei der durch die Modularisierung gegebenen Aufteilung ist es wichtig, daß bei einer nur einen Teilbereich betreffenden Änderung nicht wiederum alle davor liegenden Arbeitsschritte neu durchlaufen werden müssen. Der Datenbestand muß an logischen Abschnitten konserviert und transparent, d.h. wiederaufrufbar und dem Anwender verständlich gemacht werden können. Die interaktive Datenhandhabung bietet hier die besten Möglichkeiten, eine flexible Systemstruktur zu realisieren. Durch Programmierung von Entscheidungstabellen mit interaktiver Auswahl von Alternativen, sind schwierig zu beschreibenden Aufgaben, auch mit untereinander verflochtenen Arbeitsschritten und komplizierter Eingabestruktur zu lösen.

6.2 Aufbau des Projektierungssystems

Anforderungsgemäß sind die zum System gehörenden Moduln in sich abgeschlossen und einzeln lauffähig. Die Moduln können sich nicht gegenseitig aufrufen, ein Steuerprogramm übernimmt die Verkettung der einzelnen Moduln zu einer sinnvollen Programmkette und steuert die Datenübergabe zwischen den einzelnen Moduln. Bild 6.3 zeigt den hierzu notwendigen Aufbau des Projektierungssystems.

Auf die Möglichkeit, im Dialog verschiedene Programmketten anzuwählen, wird in Kapitel 6.2.1 näher eingegangen. Konzeptionsgemäß soll das Steuerprogramm wenig Speicherplatz benötigen, da es bei Ablauf des Systems ständig im Arbeitsspeicher verbleibt. Aus diesem Grund enthält es nur den Befehlscode und keine Datenfelder. Die Datenübergabe zwischen den aufgerufenen Moduln geschieht mittels auf Externspeichern ausgelagerten Datenbereichen.

Die Datenbereiche sind durch Kettungsinformationen zur sogenannten Auftragsdatei zusammengefaßt (Bild 6.4).

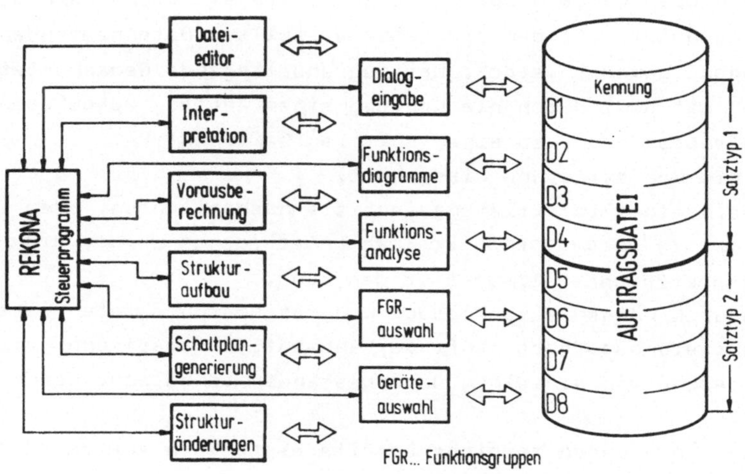

Bild 6.3: Gesamtaufbau des Projektierungssystems

Zur Identifikation enthält diese Datei eine Kennung, welche z.B. die aktuell bearbeitete Projektierungsaufgabe einem auszuführenden Auftrag zuweist.

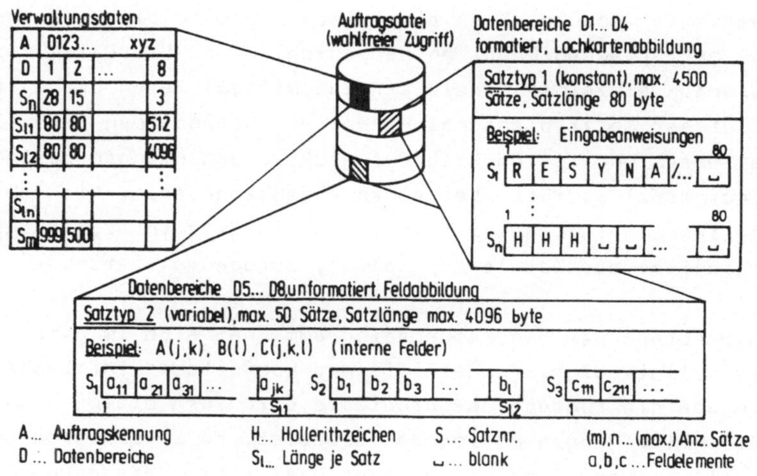

Bild 6.4: Aufbau und Organisation der Auftragsdatei

Nach oder während des Ablaufs der Projektierung kann die Auftragsdatei, mit den bis dahin erstellten Datenbeständen, permanent gemacht werden. Der zugrundeliegende Gedanke ist der, daß mit den, durch die Kennung einem Auftrag zugewiesenen Datenbeständen, zu einem späteren Zeitpunkt

- die Projektierung wiederholt,
- einzelne Projektierungsschritte nachvollzogen, oder
- wenn an vorgegebenen Stellen unterbrochen wurde, die Projektierung vollendet werden kann.

Dadurch können verschiedene Konkretisierungsstufen einer Projektierungsaufgabe (Anfrage, Angebot, Auftrag) und gezielte Änderung von einzelnen Datenbeständen ermöglicht werden.

Sind Änderungen an einer bereits erstellten Auftragsdatei notwendig, so kann dies der Anwender mit Hilfe des Dateieditors (Modul DEDITO) durchführen. Mit diesem können dazu bestimmte Datenbestände am Dialoggerät ausgegeben und bearbeitet werden. Um eine günstige Darstellung und Handhabung dieser Daten am Dialoggerät zu erreichen, wurden die Datenbestände (D1...D4), die dem Benutzer zugänglich sein sollen, in einer dafür geeigneten Datenstruktur (Satztyp 1) abgespeichert. Diese Datenbestände entsprechen den Eingabedaten bestimmter Moduln. Nach einer Änderung wird die Programmkette vom betreffenden Modul an neu durchlaufen. Die Datenübergabe zwischen einzelnen Moduln erfolgt mittels Daten des Satztyps 2. Dieser Satztyp entspricht der rechnerinternen Darstellung der Daten und ist deshalb für größere Datenmengen geeignet. Jeder Modul verfügt über einen Ausgabebaustein, mit dem es möglich ist die jeweiligen Daten des Satztyps 2, welche die Ergebnisse des Moduls darstellen, zu dokumentieren.

Beim Aufbau der Handhabungsprogramme hat sich im Hinblick auf die vollständige, fehlerfreie und komfortable Informationseingabe die Führung des Benutzers durch den Dialog bewährt. Werden vom Programm Eingaben erwartet, so informieren ausführliche Hinweise den Benutzer über Form, Umfang und Auswirkung der Eingabe. Eine Anpassung an die konventionelle

Arbeitsweise des Benutzers wird erreicht, z.B. kann:

- die Systembedienung ohne externe EDV-spezifische Hilfsmittel (Formulare, Kataloge, etc.) erfolgen,
- die Ausgabe umfangreicher Listen durch gezielt abgerufene Einzelinformationen ersetzt werden,
- die Reaktion auf eine Informationseingabe ohne Zeitverzug überprüft werden,
- ein Arbeitsschritt solange wiederholt werden, bis durch Datenvariation die Qualität des Ergebnisses den Anforderungen des Benutzers entspricht.

Die Realisierung dieses Systemaufbaus und die Zusammenfassung der Daten in der Auftragsdatei ermöglicht ein flexibles Arbeiten mit dem System und sichert die Weitergabe der Projektierungsdaten über diesen Bereich hinaus.

6.2.1 Bereitstellung und Verarbeitung der Projektierungsdaten

Aufgabengemäß werden durch das Projektierungssystem die Daten generiert bzw. aufbereitet, die den Entstehungsprozeß einer hydrostatischen Anlage vom Entwurf über die Arbeitsvorbereitung bis hin zur Fertigung und Montage kennzeichnen. Entsprechend den Anforderungen bezüglich Flexibilität des Systems und durchgängigem Datenfluß, kommt der Aufteilung der abgelegten Informationen in einzelne Datenbereiche besondere Bedeutung zu.

Bei den Daten vom Satztyp 1 (Bild 6.5) handelt es sich im einzelnen um:

- die Eingabedaten (D1),
- die Daten der ausgewählten Funktionsgruppen (D2),
- die Daten zum Hydraulikschaltplan (D3),
- die durch manuelle Eingriffe veränderten Daten zum Hydraulikschaltplan (D 4).

Die Datenbereiche vom Satztyp 2:

- die Leistungsdaten (D5),
- die Daten der möglichen Funktionsgruppen (D6),
- die Daten zur Struktur des Hydrauliknetzes (D7),

- die durch manuelle Eingriffe veränderten Daten zur Struktur des Hydrauliknetzes (D8),

sind im rechnerinternen Format (Bild 6.6) realisiert.

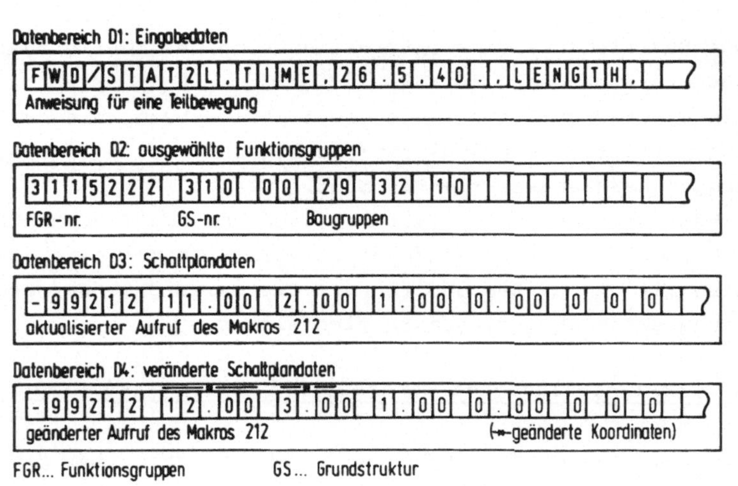

Bild 6.5: Beispiele für Datenrecords (Sätze) der Datenbereiche D1...D4

Die Form der Bereitstellung, Verarbeitung und Weitergabe der Projektierungsdaten ist im Hinblick auf die angestrebte Aufgabenintegration von besonderer Bedeutung, vor allem für die Definition und Realisierung von Schnittstellen der einzelnen Systemteile.

6.2.2 Informationsfluß innerhalb des Projektierungssystems

Ergebnis der Forderung bezüglich Flexibilität des Projektierungssystems ist ein Steuerprogramm, in dem mehrere Verarbeitungsalgorithmen realisiert sind. Diese sind durch Angabe eines "Modus" am Dialoggerät anzuwählen (Bild 6.7). Modus 1 dient hierbei als Systemgenerator, mit ihm werden die für die anderen Verarbeitungsalgorithmen notwendigen permanenten Dateien aufbereitet.

Feldname	gespeicherte Information	Datenbereich	
FUNKTB	Funktionsdiagrammwerte	D5	Leistungsdaten
ITEIB	sortierte Teilbewegungen	D5	
LAST	äußere Belastungen	D5	
PARAM	Parameterdaten (Arbeitseinh.)	D5	
PNG	Verlauf Leistungsaufnahme	D5	
RLM	Hub, Länge, Weg	D5	
SPEED	Geschwindigkeiten, Bewegungstyp	D5	
VERH	Volumenstromverhältnis	D5	
VOL	Verlauf Volumenstrombedarf	D5	
ZDRU	Verlauf Druckbedarf	D5	
ZEITR	Zeit je Teilbewegung	D5	
LDRUPU	zusätzl. Druckhaltung	D6	FGR-Daten
GRAPH	Codierung der Bewegungszustände	D6	
MFKTP	Zeigerfelder für p / Q -	D6	
MFKTQ	Unverträglichkeiten	D6	
MFUGRU	mögliche Funktionsgruppen	D6	
MPUMP	mögliche Energieversorgungen	D6	
CROSRE	Verweisliste	D7 + D8	Strukturdaten
EINBA	Einbaurichtungen	D7 + D8	
KELADR	symbolische Adressen der Geräte	D7 + D8	
KELSYM	Gerätenamen (Bezeichnungen)	D7 + D8	
KELTAB	Geräteliste	D7 + D8	
MATRIX	Nachbarschaftsliste	D7 + D8	
SCHNIT	Verwaltungsdaten	D7 + D8	
SYMFE	symbolische Namen (Arbeitseinh.)	D7 + D8	
VERMAC	Verwaltungsdaten Zeichenmakros	D7 + D8	
VERAND	Verwaltung der geänderten Sätze	D7 + D8	
ZEMAT	Einbaumatrix der Element- und Leitungsknoten	D7 + D8	

Bild 6.6: Dokumentation der rechnerinternen Netzdarstellung in Feldern (Datenbereiche D5...D8)

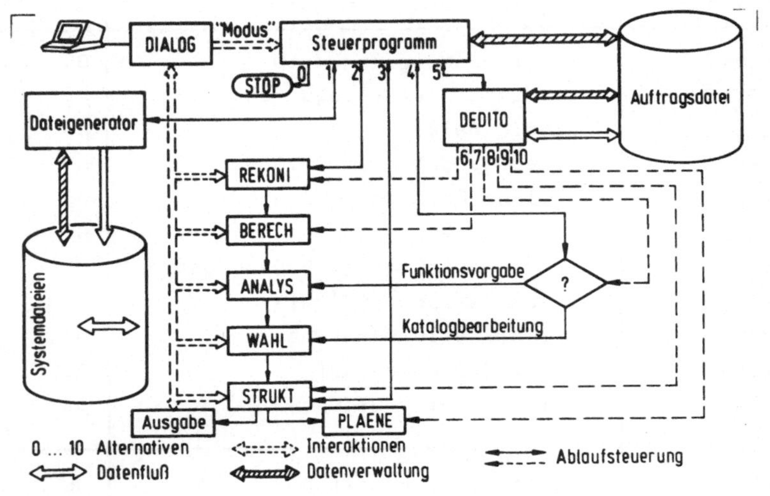

Bild 6.7: Programmkettung und Informationsfluß im Projektierungssystem

Modus 2 ergibt den normalen Projektierungsablauf (ausgehend von der Eingabe eines Arbeitsspiels). Modus 3 und 4 sind Untermengen des Modus 2. Mit ihnen kann sich ein in das System eingearbeiteter Benutzer schnell und gezielt Informationen zu einer Projektierungsaufgabe erarbeiten. So können in Modus 3 die in Kapitel 4.3.2.3 behandelten speziellen Strukturen generiert werden (sogenannte "lokale" FGR). Im Modus 4 kann einerseits ausgehend von der direkten Funktionsvorgabe (Bewegungscharakteristik, Grundfunktion) die Projektierung durchgeführt werden. Andererseits ist hier die sogenannte Katalogbearbeitung (Aufruf bekannter, im System gespeicherter FGR) realisiert. Modus 5 erlaubt das Bearbeiten bereits erstellter Auftragsdateien. Mit Hilfe des Moduls DEDITO können die Datenbereiche D1...D4 geändert und anschließend (ausgehend vom betroffenen Datenbereich) die Projektierung angestoßen werden, wobei die nachfolgenden Datenbereiche neu erstellt werden. Bei allen Verarbeitungsalgorithmen kann der

Benutzer durch Eingaben am Dialoggerät die einzelnen Projektierungsschritte beeinflussen. Neben den Verarbeitungsalgorithmen enthält das Steuerprogramm auch Programmteile zur Verwaltung der Auftragsdatei. Dadurch kann bei Aufruf eines Moduls das Steuerprogramm die zugehörigen Datenbereiche ausweisen, indem es die Datenbereichskennung, die aktuelle Nummer des ersten Datensatzes, die Bereichsgrenzen und die Anzahl der möglichen Sätze an den betreffenden Modul übergibt. Mit diesen Informationen ist der Zugriff (Lesen/Schreiben) auf die Auftragsdatei vom Modul aus möglich, wobei die Richtigkeit des Datentransfers gewährleistet ist (Bild 6.8).

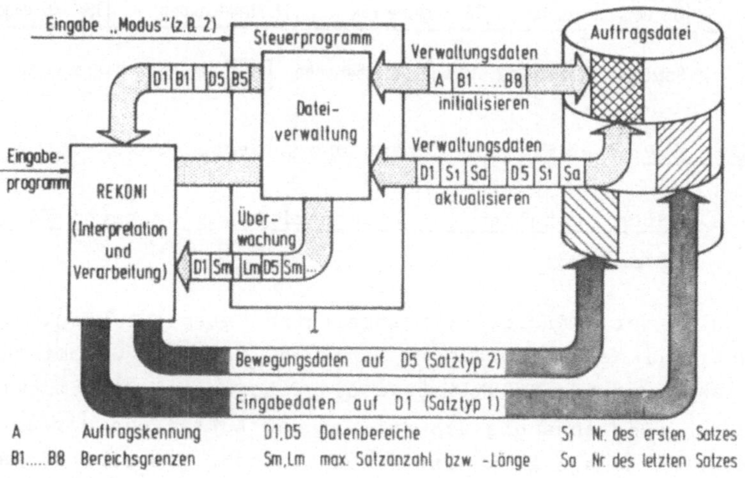

Bild 6.8: Organisation der Auftragsdatei

Durch die Aufteilung der Auftragsdatei in Datenbereiche wird die Realisierung von verschiedenen Verarbeitungsalgorithmen wesentlich vereinfacht. Darüberhinaus konnte damit - entsprechend der Forderung nach einer wirtschaftlichen Informationsverarbeitung - die mehrfache Auswertung der Datenbestände verwirklicht werden (Bild 6.9).

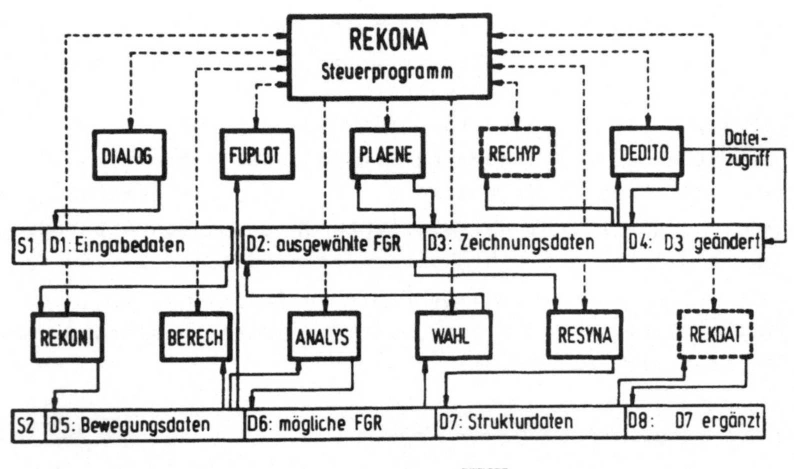

Bild 6.9: Mehrfachausnutzung von Datenbeständen

6.2.3 Schnittstellen zur Integration von weiteren Teilsystemen

Die in der Auftragsdatei abgelegten Daten zur Struktur des Hydrauliknetzes werden in Form von Teil- und Gesamtschaltplänen und als Stücklistendaten ausgegeben. Die Stücklistendaten sind abhängig von der Art und Aufteilung der projektierten Anlage in konstruktive Gruppen. Sie sind deshalb nach funktionellen Gesichtspunkten gegliedert und entsprechen in dieser Form nicht den Erfordernissen der Fertigung, Montage und Disposition. Für diese Bereiche müssen die Stücklisten nach strukturellen Kriterien aufgebaut sein. Wegen den unterschiedlichen Anforderungen, die in den einzelnen Betriebsbereichen und für verschiedene Produktionsarten an sie gestellt werden, ist der Umfang der Stücklisten-Angaben und -daten nicht genormt. Es sind jeweils die betriebsspezifischen Besonderheiten für Inhalt, Systematik und Aufbau der Stücklisten ausschlaggebend. Sogenannte Stücklistenprozessoren sind heute ein gängiges Angebot von Softwarefirmen und EDV-Herstellern. Durch Einbeziehen eines Stücklistenprozessors in ein integriertes Gesamtsystem ist die Verarbeitung der Projektierungsdaten in nachfolgenden Betriebsbereichen realisierbar.

Eine betriebsspezifische Anpassung des Projektierungssystems wird erreicht, in dem man in der dem Projektierungssystem zugeordneten Datei (REKDAT) die entsprechenden Teilebezeichnungen (Identnummer) aufnimmt. Bei der Auflösung der vom Projektierungssystem ausgegebenen Stückliste werden anschließend aus der Erzeugnisdatenbank die Daten, z.B. für Baukastenstücklisten, Strukturstücklisten, Mengenübersichtsstücklisten, Variantenstücklisten geholt und zusammen mit den Schaltplänen für die Weiterverarbeitung bereitgestellt (Bild 6.10).

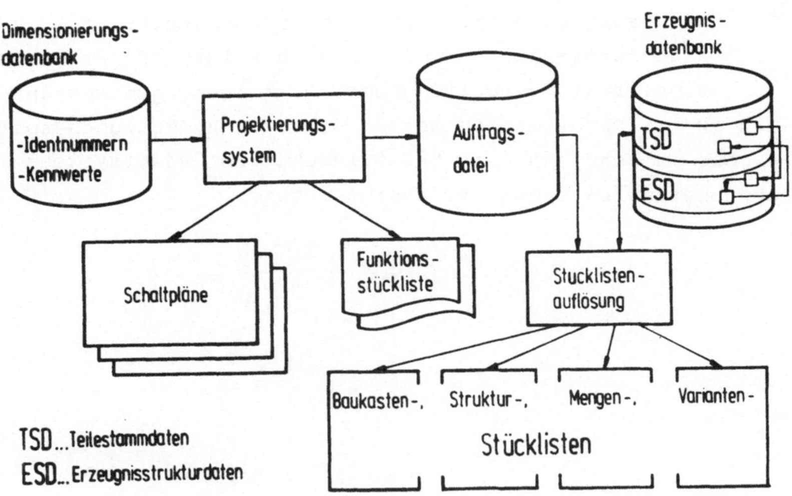

Bild 6.10: Verarbeitung der Stücklistendaten

Nachteilig bei dieser Vorgehensweise ist, daß rechnerintern vorhandene Datenbestände über externe Funktionen übergeben und neuerlich aufbereitet werden müssen. Vorteile sind jedoch, daß die einzelnen, den Teilsystemen zugeordneten Dateien beliebig strukturiert sein können und daß, bei Weitergaben von Datenbeständen, diese einfach mit ergänzenden Eingabeinformationen gemischt werden können.

Bei kritischer Betrachtung dieses Konzeptes ist zu sagen, daß ein idealer Aufbau eines integrierten Gesamtsystems durch die unvermeidliche Redundanz der Daten und Programme nicht erreicht wird. Jedoch ist es möglich, die sukzessive Integration von weiteren Teilsystemen konsequent zu verwirklichen. Durch dieses Prinzip eignet es sich vor allem für Unternehmen der mittelständigen Industrie, die die Risiken und den Aufwand für Neuentwicklungen und Umorganisation umgehen wollen. Da die Unternehmen für die entsprechenden Betriebsbereiche die Auswahl zwischen mehreren vergleichbaren und erprobten Teilsystemen zu treffen haben, ergeben sich für das Gesamtsystem zwar immer betriebsspezifische, aber auch anwenderfreundliche Lösungen. Der Aufwand zur Erstellung einer Systemverwaltung und der notwendigen Anpaßprogramme ist hinsichtlich der zu erwartenden Nutzungsdauer sicher lohnend und eine Realisierung des Gesamtsystems in absehbaren Zeiträumen erscheint möglich.

7 Zusammenfassung

Der Ansatzpunkt für die Entwicklung eines CAD-Systems zur Projektierung hydrostatischer Anlagen ist dadurch gegeben, daß indirekte Entwurfstätigkeiten und manuelle Routinetätigkeiten die konventionelle Projektierung zeit- und kostenmäßig belasten. Mit der Rationalisierung der Projektierung durch Rechnereinsatz ist das Problem der Generierung der Daten zum strukturellen Aufbau derartiger Anlagen verbunden.

Zur Herleitung geeigneter Verfahren wurde eine Analyse des dem System "Hydrostatische Anlage" zugrundeliegenden Entstehungsprozesses notwendig. Es zeigt sich, daß nur eine an den zu erfüllenden Maschinenfunktionen orientierte Gliederung in Funktionsgruppen und die Berücksichtigung der (durch den Baukastenansatz) gegebenen Baugruppen zu einem realisierbaren Syntheseverfahren für hydrostatische Anlagen führt. Eine Anlehnung an die in anderen Bereichen des Steuerungs- und Schaltungsentwurfs (z.B. Pneumatik) eingesetzten Verfahren auf der Grundlage der Automatentheorie ist nicht möglich.

Die Basis des Syntheseverfahrens bilden die an Hand der Analyse ermittelten Schaltungsstrukturen (Funktionsgruppe, Grundstruktur, Baugruppe). Sie werden mit Methoden der Graphentheorie erfaßt und als Modellkomponenten des Syntheseverfahrens beschrieben. Die Anwendung der Graphentheorie ermöglicht die rechnergerechte Realisierung der notwendigen Modellalgorithmen zum Aufbau der Funktionsgruppen bzw. Gesamtanlagen. Bei der Umsetzung der gefundenen Methoden und Verfahren in ein Programmsystem stand die komfortable Systemhandhabung und die Anpassung an benutzerspezifische Gegebenheiten im Vordergrund. Eine weitere Forderung, die Einsatzmöglichkeit auf Rechenanlagen der MDT, war durch die im Hydraulikbereich gegebenen Unternehmensgrößen und -strukturen bedingt.

Das entwickelte Projektierungssystem unterstützt den Konstrukteur direkt beim Entwurf und der konstruktiven Ausführung der hydrostatischen Anlage. Es deckt damit weitgehend den Informationsbedarf des Konstrukteurs ab. Der Aufbereitungsgrad der bereitzustellenden Daten wird gegenüber der konventionellen Methode nicht erhöht. Eine Verbesserung in der Gleichmäßigkeit, Aktualität und Zugriffsmöglichkeit zu den Daten und die Beschleunigung der indirekten, der Information dienenden Tätigkeiten führt zu höherer Qualität und zu geringeren Kosten des Entwurfs.

Neben den sich aus den Aufgaben und Einsatzbereichen derartiger Anlagen ergebenden Forderungen, war bei der Entwicklung des CAD-Systems von entscheidendem Einfluß, daß Projektierung, Angebots- und Auftragsabwicklung eng verzahnte Bereiche sind, die durch das Projektierungssystem informationsschlüssig gekoppelt werden müssen.

Durch die Schaffung eines zentralen, allen Bereichen zugänglichen Datenbestandes (Auftragsdatei) ist diese, durch das Betriebsgeschehen bestimmte Aufgabenintegration möglich geworden. Die Auftragsdatei bildet deshalb den Ausgangspunkt für die abschließend diskutierte Möglichkeit der Bildung eines integrierten Gesamtsystems. Es wurde ein Systemkonzept aufgezeigt, das geeignet erscheint, ausgehend vom Projektierungssystem, eine schrittweise Integration weiterer Systemkomponenten durchzuführen.

Berichte aus dem Institut für Steuerungstechnik der Werkzeugmaschinen und Fertigungseinrichtungen der Universität Stuttgart

Herausgegeben von Prof. Dr.-Ing. G. Stute

Erschienen:

ISW 1:	D. Schmid, Numerische Bahnsteuerung, 89 S., 1972
ISW 2:	H. Schwegler, Fräsbearbeitung gekrümmter Flächen, 111 S., 1972
ISW 3:	J. Eisinger, Numerisch gesteuerte Mehrachsenfräsmaschinen, 90 S., 1972
ISW 4:	R. Nann, Rechnersteuerung von Fertigungseinrichtungen, 125 S., 1972
ISW 5:	G. Augsten, Zweiachsige Nachformeinrichtungen, 140 S., 1972
ISW 6:	B. Karl, Die Automatisierung der Fertigungsvorbereitung durch NC-Programmierung, 121 S., 1972
ISW 7:	H. Eitel, NC-Programmiersystem, 117 S., 1973
ISW 8:	E. Knorr, Numerische Bahnsteuerung zur Erzeugung von Raumkurven auf rotationssymmetrischen Körpern, 131 S., 1973
ISW 9:	S. Bumiller, Viskohydraulischer Vorschubantrieb, 123 S., 1974
ISW 10:	K. Maier, Grenzregelung an Werkzeugmaschinen, 139 S., 1974
ISW 11:	J. Waelkens, NC-Programmierung, 159 S., 1974
ISW 12:	E. Bauer, Rechnerdirektsteuerung von Fertigungseinrichtungen, 138 S., 1975
IWS 13:	H. König, Entwurf und Strukturtheorie von Steuerungen für Fertigungseinrichtungen, 206 S., 1976
ISW 14:	H. Damson, Fünfachsiges NC-Fräsen, 143 S., 1976
ISW 15:	H. Jetter, Programmierbare Steuerungen, 141 S., 1976
ISW 16:	H. Henning, Fünfachsiges NC-Fräsen gekrümmter Flächen, 179 S., 1976
ISW 17:	K. Boelke, Analyse und Beurteilung von Lagesteuerungen für numerisch gesteuerte Werkzeugmaschinen, 106 S., 1977
ISW 18:	F.-R. Götz, Regelsystem mit Modellrückkopplung für variable Streckenverstärkung, 116 S., 1977
ISW 19:	H. Tränkle, Auswirkungen der Fehler in den Positionen der Maschinenachsen beim fünfachsigen Fräsen, 103 S., 1977
ISW 20:	P. Stof, Untersuchungen über die Reduzierung dynamischer Bahnabweichungen bei numerisch gesteuerten Werkzeugmaschinen, 118 S., 1978
ISW 21:	R. Wilhelm, Planung und Auslegung des Materialflusses flexibler Fertigungssysteme, 158 S., 1978
ISW 22:	N. Kappen, Entwicklung und Einsatz einer direkten digitalen Grenzregelung für eine Fräsmaschine mit CNC, 123 S., 1979
ISW 23:	H. G. Klug, Integration automatisierter technischer Betriebsbereiche, 124 S., 1978
ISW 24:	D. Binder, Interpolation in numerischen Bahnsteuerungen, 132 S., 1979
ISW 25:	O. Klingler, Steuerung spanender Werkzeugmaschinen mit Hilfe von Grenzregeleinrichtungen (ACC), 124 S., 1979
SW 26:	L. Schenke, Auslegung einer technologisch-geometrischen Grenzregelung für die Fräsbearbeitung, 113 S., 1979
SW 27:	H. Wörn, Numerische Steuersysteme. Aufbau und Schnittstellen eines Mehrprozessorsteuersystems, 141 S., 1979

ISW 28: P. B. Osofisan, Verbesserung des Datenflusses beim fünfachsigen NC-Fräsen, 104 S., 1979

ISW 29: J. Berner, Verknüpfung fertigungstechnischer NC-Programmiersysteme, 101 S., 1979

ISW 30: K.-H. Böbel, Rechnerunterstütze Auslegung von Vorschubantrieben, 113 S., 1979

ISW 31: W. Dreher, NC-gerechte Beschreibung von Werkstücken in fertigungstechnisch orientierten Programmsystemen, 105 S., 1980

ISW 32: R. Schurr, Rechnerunterstützte Projektierung hydrostatischer Anlagen, 115 S., 19

ISW 33: W. Sielaff, Fünfachsiges NC-Umfangsfräsen verwundener Regelflächen. Beitrag zur Technologie und Teileprogrammierung, 97 S., 1981

ISW 34: J. Hesselbach, Digitale Lageregelung an numerisch gesteuerten Fertigungseinrichtungen, 111 S., 1981

ISW 35: P. Fischer, Rechnerunterstützte Erstellung von Schaltplänen am Beispiel der automatischen Hydraulikplanzeichnung, 111 S., 1981

In Vorbereitung:

ISW 36: U. Ackermann, Rechnerunterstützte Auswahl elektrischer Antriebe für spanende Werkzeugmaschinen, ca. 118 S., 1981

ISW 37: W. Döttling, Flexible Fertigungssysteme – Steuerung und Überwachung des Fertigungsablaufs, ca. 105 S., 1981

Springer-Verlag
Berlin · Heidelberg · New York